Der Sinn des Unternehmens

DOMINIC VEKEN

DER SINN DES UNTERNEHMENS

WOFÜR ARBEITEN WIR EIGENTLICH?

MURMANN
MURMANN PUBLISHERS

Dieses Buch wurde klimaneutral produziert

Bibliografische Information der Deutschen Nationalbibliothek
Die Deutsche Nationalbibliothek verzeichnet diese Publikation in
der deutschen Nationalbibliografie; detaillierte bibliografische
Daten sind im Internet über http://dnb.d-nb.de abrufbar.

1. Auflage 2015
Copyright © 2015 Murmann Publishers GmbH, Hamburg
ISBN 978-3-86774-467-6

Lektorat: Evelin Schultheiß
Herstellung, Umschlaggestaltung, Layout und Satz: Murmann Publishers GmbH
Druck und Bindung: CPI books GmbH, Leck
Printed in Germany

Besuchen Sie uns im Internet: www.murmann-publishers.de

Ihre Meinung zu diesem Buch interessiert uns!
Zuschriften bitte an **info@murmann-publishers.de**

Den Murmann Publishers-Newsletter können Sie anfordern unter
newsletter@murmann-publishers.de

INHALT

Einleitung

Wofür arbeiten wir eigentlich? Warum gehen wir jeden Tag der Tätigkeit nach, der wir nachgehen? Die Antworten auf diese Fragen scheinen uns häufig so selbstverständlich, dass wir sie uns gar nicht erst stellen. Wir arbeiten für Geld. Damit wir uns ernähren können. Damit wir die Mittel zur Verfügung haben, das Leben zu genießen. Damit wir mit dem schönen Gefühl durch die Welt gehen können, erfolgreich zu sein. Also arbeiten wir natürlich auch für Anerkennung. Wir können vieles und einiges sogar auch besser als andere. Damit können wir beeindrucken, uns und alle anderen davon überzeugen, dass wir jemand sind und nicht niemand. Aber das ist ja nicht alles, wofür wir arbeiten, oder?

Natürlich arbeiten wir auch dafür, uns selbst zu verwirklichen, das aus uns herauszuholen, was in uns steckt, das zu machen, was wir mögen und was uns liegt, und uns hiermit auf ganz besondere, individuelle Art auszudrücken. Geld, Ruhm, Macht, neue Möglichkeiten, Wohlstand und Weiterentwicklung – alles Elemente, für die wir arbeiten, ohne dass wir groß danach fragen müssten. Dem einen ist halt das eine wichtiger, dem anderen das andere.

So arbeiten wir vor uns hin, erfüllen die an uns gestellten Anforderungen und kommen Schritt für Schritt weiter. Die Frage ist nur: wohin? Und die Frage ist: wofür? Die These dieses Buches ist, dass wir diese Fragen stellen und sie beantworten müssen, wenn wir wirklich überzeugt sein wollen von dem, was wir tun. Nur wenn wir uns wirklich identifizieren mit dem, was wir tun, und mit dem, für den wir es tun, kann uns unsere Arbeit wirklich beseelen und begeistern, können wir erfüllt von ihr sein statt sie nur zu erfüllen, kann sie bei uns ein Leuchten in den Augen erzeugen. Nur wenn wir den Sinn eines Unternehmens kennen, wenn er uns bei der Arbeit bewusst ist, haben wir das Gefühl, Teil von etwas Großem zu sein und unsere Zeit in etwas zu investieren, für das es sich lohnt zu streiten, zu kämpfen, sich anzustrengen.

Erst dann wissen wir, wofür wir tun, was wir tun. Und erst dann entsteht ein ansteckender Stolz, der das Unternehmen in seiner Besonderheit abhebt von all denen, bei denen es nur um die Vermehrung von Wohlstand, um das Abarbeiten von äußeren und inneren Anforderungen geht. Erst dann hat das Unternehmen die Möglichkeit, wie eine soziale Bewegung zu begeistern und zu beseelen.

Sehr eindrücklich hat der amerikanische Psychologe Mihályi Csíkszentmihályi diese Logik gefasst, nachdem er über viele Jahre die Wirkung der Arbeit auf das Glücksempfinden der Menschen untersucht hat. Nach den Ergebnissen seiner später hier noch einmal zitierten Studien sind Chirurgen die Beschäftigten mit dem höchsten Glücksempfinden, da bei ihnen alle positiven Arbeitsfaktoren zusammenkommen. Das ist wenig überraschend. Viel überraschender ist die Aussage, dass auch unter den Putzfrauen in Krankenhäusern immer wieder einige anzutreffen waren, deren Glücksempfinden ähnlich hoch war wie das der Chirurgen. Sie erzählten im Gespräch über ihre Arbeit nicht nur davon, dass sie die Bettpfannen säubern oder den Fußboden wischen müssten, sondern auch davon, dass sie alles so sauber, frisch und angenehm wie möglich halten wollten, damit es den Patienten besser ginge. Diese Frauen, die man als »Erfüllte« beschreiben könnte, sehen sich als wichtige Größe für die Gesundheit und das Leben der Patienten. Sie tun exakt das Gleiche, was die »Erfüllerinnen« ihres Jobs machen, aber ihnen ist bewusst, wofür sie es machen. Sie kennen den Sinn. Und genau das macht sie in ihrer Arbeit glücklich.

Ein anderes Beispiel gab mir Jérôme Lambert, der Geschäftsführer von Montblanc in dem unten abgedruckten Interview. Darin erzählt er von einem Brief, den ein Uhrenunternehmen bekam, für das er früher gearbeitet hatte. Diesem Schreiben lag eine sehr teure alte Uhr des Hauses bei. Sie kam von einem Mann, der viele Jahrzehnte zuvor über drei Monate in einem dunklen, schwarzen, kleinen Gefängnislagerraum eingesperrt wurde, in dem es weder Tag noch Nacht gab. »Der einzige Fehler, den die Verantwortlichen damals machten, war, dem Häftling seine Uhr zu lassen. Die konnte er zwar nicht sehen, aber dafür konnte er das Ticken hören. Für ihn bedeutete dieses Ticken die Konstanz der Zeit und damit sein Überleben. Mit 90 Jahren schickte uns dieser Mann voller Dankbarkeit seine Uhr, weil sie für ihn sein Leben bedeutete. Er sah sie als seinen Lebensretter an, den er nun zurückgeben wollte.« Für Jérôme Lambert war diese Episode sehr prägend, sie vermittelte ihm intensiv das Gefühl, eine echte Aufgabe in der eigenen Arbeit zu haben, vor allem aber eine Verantwortung. Hat man einmal erkannt und erlebt, worin der Sinn der eigenen Arbeit besteht, ist diese von da an in ein anderes Bewusstsein getaucht.

Der Philosoph Hans Blumenberg stellte das von ihm so benannte »Suspensionstheorem« auf, das besagt, dass in den letzten Jahrzehnten Sinnfragen in der Art suspendiert wurden, wie ein Kommissar im Fernsehkrimi suspendiert werden kann. Sein Kollege Odo Marquard sprach hier ganz ähnlich vom »Abschied vom Prinzipiellen«. Wir waren so damit beschäftigt, Wohlstand und Fortschritt zu schaffen, Konsum und Optionen zu vervielfältigen, dass wir ganz vergessen haben, danach zu fragen, wofür wir das alles machen. Die Welt war voller Zwecke, die erfüllt werden mussten. Damit war schon genug zu tun. Sich Zeit für Sinnfragen zu nehmen, war etwas für Idealisten und solche, die es sich leisten konnten. Man selbst gehörte irgendwie nie dazu. Das galt insbesondere für die Welt der Wirtschaft, für die Unternehmen. Hier ging es um Rendite, Shareholder Value, Produktivität, Effizienz und weiteres Wachstum. Gab es da überhaupt noch etwas anderes?

Doch heute stehen wir vor einer neuen, einer völlig veränderten Situation. Einerseits lässt sich eine deutlich wachsende Sehnsucht nach Sinn, fast schon eine Sinnsucht konstatieren. Das Abarbeiten, Hierarchiebesteigen und In-Rente-Gehen reicht den meisten im Wohlstand

Aufgewachsenen längst nicht mehr aus, von den nachkommenden Generationen ganz zu schweigen. Da muss doch noch mehr sein. Und andererseits befinden wir uns durch die Digitalisierung in einer Zeit umfassender Verflüssigung, die alles zuvor Verbindliche und Klare, alle Selbstverständlichkeiten mit sich mitreißt wie ein stürzender Wasserstrom. Und in der plötzlich die grundlegenden Fragen wieder von ganz unten nach ganz oben, ans Licht der Aufmerksamkeit, gespült werden.

Kein Unternehmen kann mehr weitermachen wie bisher. Und deshalb ist es Zeit, sich wieder mit der Philosophie dieser Unternehmen zu beschäftigen, mit ihren Grundlagen, mit den Fundamenten ihres Agierens. Wie wollen sie mit der globalisierten Digitalisierung umgehen? Wie wollen sie der daraus resultierenden Verflüssigung etwas Festes entgegensetzen, das Halt, das Richtung, und Orientierung gibt? Und zwar nicht nur den Führungskräften, sondern genauso den Mitarbeitern, Kunden und Lieferanten? Wofür arbeiten die Unternehmen eigentlich? Und wie können sie dieses Wofür zu etwas Großem machen, von dem man gerne Teil ist, für das man sich einsetzt und das auf diese Weise hilft, den außerordentlichen Erfolg des Unternehmens mit der besonderen Erfülltheit all derer, die mit ihm zu tun haben, zu verbinden?

Alle diese Fragen stelle ich mir seit vielen Jahren. Und die Ergebnisse dieser Arbeit möchte ich gerne auf den nächsten Seiten darstellen. Anhand der Beispiele sinnorientierter Unternehmen wie Bulthaup, Zappos, Tesla, Netflix, Spotify, Starbucks, Dedon, SpaceX, Nudie, Lego, Vice, A. Lange & Söhne und vieler anderer. Anhand der Darstellung zeitlicher und theoretischer Fundamente. Und natürlich aufgrund vieler eigener Projekte der Unternehmensphilosophie, die ich über die letzten Jahre begleiten durfte (eine genauere Aufstellung findet sich in der Danksagung).

Ein Punkt ist mir dabei aber noch besonders wichtig, da er häufig zu Missverständnissen führen kann. Zwar beinhaltet eine Unternehmensphilosophie, also die Orientierung eines Unternehmens an einem »höheren« Sinn, immer die Intention, die Welt zu verändern, doch möchte ich mich grundsätzlich von jeder Bewertung distanzieren, ob dies auch zwingend eine Weltverbesserung darstellt. Natürlich gibt es auch Kritik an Unternehmen wie Amazon, Google, Starbucks oder Spotify, doch geht es bei der Beschäftigung mit deren Unternehmensphilosophien an dieser Stelle nicht um gut oder schlecht. Hier geht es darum, dass diese Unternehmen überhaupt einem »höheren Sinn« folgen. Und die These dieses Buches ist es, dass dies sowohl für den ökonomischen Erfolg des Unternehmens wie auch für die Erfülltheit der Führungskräfte und Mitarbeiter sehr bedeutsam ist.

Vor einigen Jahren habe ich mit meinem Buch *Ab jetzt Begeisterung* die Disziplin der *Euphorologie*, die »Lehre der Begeisterung« ins Leben gerufen. Dieses Buch stellt nun den Anwendungsfall für den Bereich Wirtschaft und Unternehmen dar.

Teil I

ARBEIT AM SINN – DIE KRAFT DER UNTERNEHMENSPHILOSOPHIE

1. Unternehmenssinn und Unternehmenszweck – Vorsicht, leicht zu verwechseln!

Viele, die schon einmal in Palo Alto südlich von San Francisco waren, werden das Gefühl kennen: Auf keinen Fall möchte man die Gelegenheit verpassen, der renommierten Stanford University mitten im Sunshine State Kalifornien einen Besuch abzustatten. Zu sehr gilt diese Universität als Motor und Wiege des mit den innovativsten Unternehmen dicht besiedelten Silicon Valley, die eine Vielzahl von Nobelpreisträgern hervorgebracht hat und weltweit Vorbildcharakter für eine freie, kreative Kultur unternehmerischen Handelns darstellt. Man muss Stanford einmal gesehen haben, auch um zu verstehen, wo der Silicon-Valley-Geist herkommt, um zu begreifen, was die Menschen hier antreibt. Und so bin auch ich vor einigen Jahren über den weitgestreckten klosterartigen Campus der Universität gewandelt, durch die weitläufigen Parkanlagen, vorbei an den vielen Wohnhäusern und den im Stil der Kalifornischen Missionsstationen errichteten Lehrgebäuden, bis ich irgendwann vor dem riesigen sandsteinfarbenen Hauptportal ankam, über dem in großen Buchstaben das Universitätsmotto prangt: »Die Luft der Freiheit weht« – fünf Worte auf Deutsch, ganz einfach und ohne Übersetzung, die zurückgehen auf den deutschen Humanisten Ulrich von Hutten.

»Die Luft der Freiheit weht« – da war ich dann doch ein bisschen überrascht. Und dann auch wieder nicht, weil ich dachte: das passt. Das bringt exakt den Geist zum Ausdruck, den ich in dieser Region überall spüren konnte. Das bringt auf den Punkt, wie sich Leben und

Arbeiten und vermutlich auch Studieren hier anfühlen. Dieser Satz schien mir den über dem Valley schwebenden Geist zu materialisieren und zu kondensieren: Die bewegte Luft der Freiheit ist immer schon da. Du musst sie gar nicht erst erzeugen, auch nicht herbeizwingen, im Gegenteil: Mit jedem Eingriff würdest du sie eher zerstören. Freiheit kann ja nicht funktionieren, wenn man sie erzwingt. Die Luft der Freiheit weht, wenn man gerade nicht dazwischenfunkt. Dann bringt sie frische Gedanken mit sich, ganz selbstverständlich und zwanglos. Man muss sich ihr nur öffnen, sich bereitmachen und bereithalten für sie, dann wird sie vielleicht die eigenen Ideen und Gedanken auch in neue Richtungen tragen. Insofern kann jeder in dieser Sentenz am Haupttor der Stanford University viel mehr als ein einfaches Motto erkennen.

Tatsächlich drückt sie eine sehr spezifische Art aus, die Welt zu sehen, mit ihr umzugehen. Sie kennzeichnet eine eigene Philosophie, eine eigene Weise, die Welt zu begreifen – und das nach innen, für die Studenten und Lehrenden, wie auch nach außen, für die Besucher. Und ich bin ziemlich sicher, dass nicht nur ich das so empfand, sondern fast jeder, der einmal vor dem Hauptportal der Uni stand. Es ist ein besonderes Gefühl, das einen da erfasst, genauer: eine Kategorie von Gefühl, die gebunden ist an Bedeutung, an Sinn, an die erhebende Empfindung, Teil von etwas Größerem zu sein. Ein solches Gefühl kann sich bei vielen einstellen, wenn der Kapitän der eigenen Nationalmannschaft den Weltmeister-Pokal in den Himmel streckt oder wenn jemand das erste Mal erfolgreich eine Welle reitet. Andere verspüren es bei ihrem Einsatz für den Umweltschutz, wieder andere, wenn sie erleben, dass das von ihnen erfundene und gestaltete Erfrischungsgetränk einen stürmischen Absatz erfährt. Bei allen ist dann ein Punkt getroffen, etwas, das sie antreibt und befriedigt, das sie glühen lässt und ihre Augen zum Leuchten bringt: Es ist das Gefühl, Teil von etwas Großem zu sein. Der Satz »Die Luft der Freiheit weht« manifestiert einen solchen Punkt, er fasst ihn in Worte und dient auf diese Weise als Mantra. Er bezeichnet das Große, von dem jeder, der sich an der Stanford University aufhält, Teil sein kann. Er vermittelt

16

die Aura des Außergewöhnlichen, auf das man stolz sein kann, für das es sich zu kämpfen und zu arbeiten lohnt – das dem eigenen Handeln eine Seele verleiht.

Die Allgegenwart der 08/15-Philosophien.

unser Antreiber!

Der Begriff »Philosophie« wird heute im Kontext von Unternehmen und Institutionen fast schon inflationär verwendet. Man findet ihn auf Websites, auf Wandtafeln in Foyers oder auch in Fluren zur Toilette, und in den Selbstdarstellungsbroschüren und -präsentationen kommt man auch kaum noch an ihm vorbei. Statt »Unsere Philosophie« werden dort auch »Unsere Werte« präsentiert oder »Unser Selbstverständnis« oder das »Woran wir glauben« oder sehr gerne auch »Unser Leitbild«. Gemeint ist aber eigentlich immer dasselbe, nämlich das, was das Unternehmen antreibt, die Art, wie es die Welt sieht und wie es mit ihr umzugehen gedenkt. Wenn man so will, stellt sich hier die Präambel des Unternehmenswirkens dar, eine grundsätzliche Willens- und Glaubensbekundung der Organisation – im Anspruch vergleichbar dem Stanford-Motto. Doch die ambitiösen Formulierungen dürfen über eines nicht hinwegtäuschen: Die Umsetzung dieses Anspruchs gelingt in der Regel ganz und gar nicht.

Befasst man sich etwas genauer mit den Philosophien und den Unternehmen selbst, werden die bisweilen eklatanten Schwächen schnell offenkundig. Als Erstes fällt das verbreitete Phänomen ins Auge, dass sich nach den oft monatelangen Prozessen zur Definition eines Leitbildes praktisch niemand mehr in und außerhalb der Organisation sonderlich dafür interessiert. Zumindest vermag niemand im Unternehmen auf Anhieb zu sagen, was in einem solchen Text steht, was er überhaupt ausdrücken will und inwiefern er Auswirkungen auf das eigene Handeln im Unternehmen haben soll. Nun ist dies zugegebenermaßen auch nicht weiter verwunderlich, lesen sich die meisten dieser sogenannten »Philosophien« doch wie eine Aneinanderreihung tausendfach gehörter Phrasen, unter die jeder beliebige Firmenname gesetzt werden könnte. Immer und überall scheint der Mensch im Mittelpunkt zu stehen, alles Verhalten auf den Kunden und sein Wohlergehen abgestimmt zu sein und die Produktqualität als oberstes Gebot zu gelten. Ein Geist der Freiheit weht da weder in den Gedanken noch in der Verwirklichung. Kein Wunder also, dass die so verfassten Leitbilder und Philosophien maximal homöopathisch dosierten Einfluss auf den gemeinsamen Geist sowie auf das tatsächliche Organisationsverhalten und das ihrer Mitglieder haben.

Zumeist kann man sich des Eindrucks nicht erwehren, dass die Bekundungen auch gar nicht der Verhaltensführung, sondern in erster Linie der Selbstvergewisserung und der Selbstdarstellung im Sinne einer »Einheit mit echten Grundsätzen« dienen sollen. Das Gefühl, Teil von etwas Größerem zu sein, sucht man hingegen vergebens. Selbst mit viel Mühe und einigem guten Willen lässt sich nichts aus dem Geschriebenen herausdestillieren, an das wirklich geglaubt werden, das das eigene Handeln lenken und das Gefühl geben könnte, in einer Gemeinschaft einer Richtung zu folgen, einem gemeinsamen Geist verpflichtet zu sein. Warum also – so stellt sich angesichts dieses Eindrucks die Frage – halten es so viele Unternehmen und Institutionen für nötig, ihre Philosophie zu definieren, ohne dabei etwas zu entwickeln, das diesem Begriff tatsächlich gerecht wird. Oder noch schärfer gefragt: Warum sind eigentlich nahezu alle Unternehmensphilosophien aussageschwach, austauschbar, langweilig und deshalb gänzlich unwirksam?

Als einen ersten Befund kann man aus dem Studium der Aushängephilosophien schlicht festhalten: Weil sie die Antwort auf eine falsche Frage geben. Der überwiegende Teil der sogenannten Leitbilder dringt zum Grundsätzlichen überhaupt nicht vor, sondern kratzt nur an der Oberfläche des Organisationsverhaltens. Durchgehend beziehen sich die Intentionsbekundungen allein auf das, was für ein funktionierendes Unternehmen das Selbstverständlichste darstellt, das, was jede Organisation tun muss, um überhaupt am Leben zu bleiben. So als ob ein einzelner Mensch ein Leitbild schreiben und darin festhalten würde: »Mein Ziel ist es, jeden Tag etwas zu essen und zu trinken, damit ich nicht verdurste und verhungere. Ich behandele jeden Menschen als solchen, damit ich ein anerkanntes und erfolgreiches Subjekt der Gesellschaft werde. Ich lasse mich gut ausbilden und lerne permanent weiter, damit ich genügend Geld verdiene, um einen guten Lebensstandard zu erreichen.« Und so weiter, und so fort.

Hat das etwas mit der besonderen Persönlichkeit dieses Menschen zu tun? Nein. Wird hiermit der Sinn seines Tuns auch nur ansatzweise deutlich? Natürlich nicht. Ist das inspirierend und verlockend, hilft ihm das, sich über sich selbst zu erheben und ein Leben zu führen, von dem er am Schluss sagen kann, dass es ein tolles war? Die Antwort auf diese Frage erübrigt sich. Und dennoch bewegen sich die Wertekonstrukte von Unternehmen, Organisationen und Institutionen fast immer auf dieser Ebene. Sie beschreiben nur das Offensichtliche und drücken sich damit vor den wirklich relevanten Fragen, vor den Fragen nach den Wurzeln, nach dem Spezifischen und Bedeutungstiftenden, danach, welchen Sinn ein Unternehmen in der Welt hat und warum es deshalb ein echter Verlust für die Welt wäre, wenn es dieses Unternehmen eines Tages nicht mehr gäbe.

So unterschiedlich sie im Einzelnen auch formuliert sein mögen, im Grundsatz bewegen sich alle Unternehmensphilosophien um fünf Punkte, die variantenreich, aber im Grunde unterschiedslos die immer gleichen Werte und Grundsätze zum Ausdruck bringen. Wollte man gehässig sein, könnte man sagen, dass es für ein Organisationsleitbild keinen zwölfmonatigen Prozess braucht, bei dem alle Führungskräfte, Mitarbeiter und vielleicht sogar einige Kunden zu Wort kommen. Es würde genügen, ein sehr einfaches und immer wieder erprobtes Rezept einfach aufzugreifen und die Wirkung (oder auch Nichtwirkung) abzuwarten. Man nehme also:

- *Qualität als oberstes Gebot:* Das Produkt muss stimmen. Dafür muss man immer unzufrieden bleiben. Vielleicht huldigt man sogar dem Perfektionismus. Zumindest aber müssen alle ihr Bestes geben – und zwar immer.
- *Kundenorientierung als zentraler Wert:* Der Kunde ist der uneingeschränkte König. Alles dreht sich nur um ihn. Alles, was zu tun

ist, muss deshalb »customer-centric« sein. Es muss den Kunden zufriedenstellen. Oder noch besser: ihn vollkommen überzeugen, ihn glücklich machen.

- *Innovation als entscheidender Wachstumsfaktor:* Damit alles bleibt, wie es ist, muss sich immer alles verändern: neue Märkte, neue Zielgruppen, neue Produktbereiche. Das geht natürlich nur mit Mut und großer Kreativität. Und Fehler sind auf diesem Weg sogar erwünscht. Denn nur so kann eine lernende, effiziente Organisation entstehen, die keine Chance verpasst und kein Geld verprasst.
- *Passion als großer Motivator:* Um voranzukommen, braucht es einen Motor, einen Antrieb – Wille, Leidenschaft, Entwicklungsbereitschaft, kurz: Die Passion für das Produkt gibt den Ausschlag. Die Begeisterung für das Unternehmen – alles kann, niemand muss – steht für den gemeinsamen Erfolg.
- *Der Mensch im Mittelpunkt als ethischer Kern:* Rücksicht wird groß geschrieben. Zwar geht es immer um Wirtschaftlichkeit und Gewinn, aber nicht um jeden Preis. Das Vertrauen zu den Kollegen, Verantwortung gegenüber der Umwelt, ein gutes Verhältnis zu den Lieferanten und Dienstleistern müssen zur Geltung kommen. Corporate Social Responsibility ist viel mehr als nur eine Pflicht.

Meistens implizit, in den letzten Jahren aber auch zunehmend explizit läuft noch der Wert Wirtschaftlichkeit und Effizienz mit: Umsatz erhöhen, nichts verschwenden, viel aus wenig machen. Das ist quasi ein Gegenwert, eine regulative Idee, die klar macht, dass bei all der Leidenschaft und Kundenorientierung das Geldverdienen nicht vergessen wird.

Was bedeutet das überhaupt: »Unternehmensphilosophie«?

Zweifellos haben diese »Big Five« der Unternehmensgrundsätze einen orientierenden Wert, sie sind ein unhintergehbares Set von Grundwerten für jedes vernünftig geführte Unternehmen und insofern auch wichtig als permanentes Vergewisserungselement. Es macht durchaus auch Sinn, die »Big Five« aufzugreifen, auszudrücken und immer wieder in die Organisation zurückzuspiegeln, allein schon deshalb, weil man heute oftmals vergeblich nach einer Übereinstimmung zwischen ihnen und dem tatsächlichen Führungs- und Mitarbeiterverhalten sucht. Und dennoch fehlt den fünf Grundwerten und ihren vielen Variationen das, was zum Beispiel das Motto »Die Luft der Freiheit weht« vermag: eine tiefere Ebene bei denen anzusprechen, für die die Aussage gedacht ist, eine Wahrheit auszusprechen, die dem Sein der Organisation etwas Größeres mit auf den Weg gibt, etwas, das einen ganz besonderen Wert hat, das für die Mitglieder eine echte Bereicherung darstellt und ihnen eine kaum zu erschütternde Überzeugung vermittelt. »Mehr Demokratie wagen« von Willy Brandt, »Just do it« von Nike, »Sapere aude – Habe Mut dich deines eigenen Verstandes zu bedienen« von Immanuel Kant, die »Erziehung zur Freiheit« der Anthroposophen, die »Flower Power« der Hippies oder auch »You gotta fight for your right to party« von den Beastie Boys – es gibt unzählige Beispiele für Aussagen, die diese tiefere Ebene mit maximaler Wirkung anzusprechen und eine wirkliche Leitfunktion für Menschen einzunehmen vermochten.

Doch worin besteht der große Unterschied dieser Leitsätze zu den üblichen Leitbildern der »Big Five«? Warum schaffen es die gut gemeinten und mit viel Aufwand erstellten Wertetafeln und Selbstverständnisse nicht, das zu fassen, worum es ihnen geht? Fehlt es ihnen an Poesie? Oder ist es einfach nicht möglich, den entscheidenden Punkt zu treffen? Braucht es einen echten Philosophen, um eine Unternehmensphilosophie zu verfassen? Oder fehlt es nur an der richtigen Idee zur richtigen Zeit? Vielleicht lassen sich diese Fragen beantworten, wenn wir uns einmal vergegenwärtigen, was Philosophie im ursprünglichen Wortsinne bedeutet.

Schon in der Schule haben wir gelernt, dass das Wort Philosophie altgriechischen Ursprungs ist und wörtlich übersetzt »Liebe zur Weisheit« bedeutet. Nun wissen wir aber auch, dass weise Menschen mit Geld und Gewinnen oft nicht viel anfangen können, weshalb das Führen eines wirtschaftlich erfolgreichen Unternehmens dem, was Philosophie ursprünglich bedeutet, tatsächlich zuwiderzulaufen scheint.

»Philosophie? Brauchen wir nicht«, sagt sich der pragmatisch orientierte Manager. »Erst einmal müssen wir unsere Hausaufgaben machen, dann bleibt vielleicht noch Zeit, über dies und jenes auch grundlegend nachzudenken.« Passender für die Anforderung unternehmerischen Handelns wird es, wenn man mit »seiner Philosophie« die eigene Weltanschauung meint, das, was man für richtig und für falsch hält, die Art, wie man die Welt, das Leben und sich selbst versteht und begreift. Es geht in diesem Zusammenhang also gar nicht um *die* Philosophie im akademischen Sinne, sondern um *eine* Philosophie als eine selbst definierte Art der Weltbetrachtung. Diese Bedeutungsfacette von Philosophie scheint schon ziemlich gut zu den »Big Five« der Unternehmenswerte zu passen, sollen die doch zum Ausdruck bringen, was in einem Unternehmen als wertvoll und wünschenswert betrachtet wird.

Seit ihrer Hinwendung zur Sprache im sogenannten »linguistic turn« zu Beginn des 20. Jahrhunderts wird Philosophie auch als »Arbeit am Begriff« definiert. In dieser Bedeutungsdimension wird die sprachliche Verfasstheit unserer Weltsicht in den Blick genommen und unser Begreifen der Dinge mit Worten und der Sprache untersucht. Gefragt wird nach der Verwendung und genauen Bedeutung von Begriffen, die im gewöhnlichen Sprachgebrauch selbstverständlich und unhinterfragt zur Anwendung kommen. Für unseren Kontext hieße das zum Beispiel, konkret zu fragen: Was bedeutet Nachhaltigkeit? Was meinen wir, wenn wir vom Kunden und seinen Bedürfnissen sprechen? Unter dieser methodischen Voraussetzung hätte Unternehmensphilosophie also nicht primär die Funktion, die Weisheit im unternehmerischen Handeln zu erhöhen. Sie hätte die Aufgabe, am Begreifen der wirtschaftlich relevanten Faktoren des Unternehmens zu arbeiten: Konkurrenz, Kunde, Marke, Umwelt etc. – welches ist die *eine* Philosophie des Unternehmens, die hier zum Tragen kommt? Fasst man Philosophie auf diese Weise, kommt man der üblichen Leitbild-Entwicklung zwar schon recht nahe, doch hat man den großen Unterschied zwischen dem Stanford-Motto und den klassischen Unternehmenswerten immer noch nicht wirklich identifiziert.

Dazu bedarf es noch einer weiteren, ebenfalls sehr geläufigen Bedeutungsfacette der Philosophie, die in der Beschreibung »Mutter aller Wissenschaften« zum Ausdruck kommt. Interessant für unseren Zusammenhang ist dabei der Bestandteil »Mutter aller …«, wird hiermit doch etwas bezeichnet, das allem anderen Gemeinten vorausgeht, das zugleich Ursprung und Verpflichtung meint. Die Mutter gebiert und gebietet. Sie ist das, was zuerst da war und das ihr Folgende überhaupt erst ermöglicht. Dabei geht das andere nicht nur aus ihr hervor, sondern führt ihr Sein gewissermaßen fort, reproduziert ihre DNA. Und in der Tat war es schon immer eine ganz entscheidende Funktion der Philosophie, die ersten Fragen zu stellen, die »Mutter-Fragen« also, die beantwortet sein müssen, bevor alle anderen gestellt werden können. Die Philosophie, im Sinne einer »Prima Philosophia«, der »Ersten Philosophie«, geht mit ihren Fragestellungen zurück bis zum Ursprung und stellt selbst diesen noch infrage.

Man kann sich das ganz einfach klar machen, indem man sich ein staunendes Kind vorstellt, das auf jede Antwort, die ihm gegeben wird, mit einem weiteren »Warum?« oder »Wofür?« reagiert. Werden diese Fragen gewissenhaft beantwortet und bleibt der potenzielle Nervenzusammenbruch des Befragten aus, dann stößt man irgendwann zu den Fragen vor, die man als »ursächlich philosophische Fragen« bezeichnet – Fragen wie: Warum ist überhaupt etwas und nicht nichts? Wofür leben wir eigentlich? Was ist schön? Was können wir wissen? Wie sollen wir leben? Oder: Was ist der Sinn des Seins? Alle diese Fragen geben sich nicht mit dem Selbstverständlichen und Oberflächlichen zufrieden, sondern hinterfragen es, um zum Allergrundsätzlichsten vorzudringen, zum Wesen der Dinge, bis zu dem, was einen weiter und immer mehr staunen lässt und eine tiefere Ebene berührt. Genau die tiefere Ebene, von der schon die Rede war und um die es in dieser Einführung in die Unternehmensphilosophie gehen soll.

Nun kann es nicht Aufgabe einer Unternehmensphilosophie sein, grundlegende erkenntnistheoretische oder metaphysische Fragen zu beantworten. Allzu große Nachdenklichkeit und Selbstzweifel könn-

ten gerade im ökonomischen Kontext in der Tat deutlich selbstzerstö-
rerische Wirkung nach sich ziehen – ganz unabhängig von Branche
und Unternehmensumfeld. Zwar zeigt sich in den letzten Jahren, dass
man Mode, Küchen, Autos und auch Fußballschuhe erfolgreich und
verkaufsfördernd mit einem höheren, bisweilen weit hergeholten Sinn
versehen kann. Doch grundsätzlich sollten sich Unternehmen ihrem
Selbstverständnis nach nicht bloß aus verkäuferischem Interesse auf
die hohe Kunst des grundlegenden Fragens verlegen. Denn nur so kann
Unternehmensphilosophie einen wirklichen, unmittelbaren und vor
allem nachhaltigen Mehrwert darstellen – indem sie eine Antwort gibt
auf die Frage nach dem tatsächlichen Sinn eines Unternehmens. Warum existiert die Organisation überhaupt? Was macht das Unternehmen für einen Unterschied in der Welt? Und warum lohnt es sich,
sich dafür zu engagieren? Auf diese Fragen relevante, originelle und
sehnsuchtserfüllende Antworten zu finden, das ist es, was den Unterschied zwischen einer echten, guten Unternehmensphilosophie und
den »Big Five« der Leitbilder ausmacht. Hier liegt ihre große Chance,
das, was sie zu einem unschätzbaren Wert machen kann und was sie
von der üblichen Phrasendrescherei abzuheben hilft.
Die Philosophie eines Unternehmens ist die unhintergehbare Letzt-
antwort auf die Frage: »Wofür?« Sie ist der Grundimpuls und die
tiefste Verpflichtung für das, was die Organisation treibt. Eine Unternehmensphilosophie ist ein starkes Commitment in guten und in
schlechten Zeiten. Sie fordert nicht Leidenschaft, sondern ist ihre
Quelle. Sie drückt das aus, wofür die Mitarbeiter jeden Morgen zur
Arbeit erscheinen, und sie bringt auf den Punkt, warum sie von dem,
was sie tun, überzeugt sein können. Eine Unternehmensphilosophie
schafft eine große Identifikation bei allen, die mit dem Unternehmen
zu tun haben, und sie liefert eine Orientierung, so dass jeder weiß,
woran er ist und wofür er sich engagiert. Warum ist das so? Weil die
Philosophie eines Unternehmens die Mutter aller Fragen beantwortet. Und damit die gesamte DNA des Handelns definiert.
Genau in dieser Bedeutung der Sinnbefragung und Sinnsetzung ist
der Leitsatz »Die Luft der Freiheit weht« eine Philosophie. Mit die-

sem Motto werden eben nicht organisationale Grundwerte heruntergebetet, mit ihm wird etwas Großes vorgestellt, das über den eigentlichen Zweck dieser Bildungsinstitution Universität weit hinausgeht. In ihm kommt eine Vorstellung davon, was Bildung bedeuten kann, zum Ausdruck, eine Idee, was man Studenten als »Schule« für ihren Lebensweg mitzugeben beabsichtigt.

Auch ein Slogan wie »Just do it« kennzeichnet in dieser Bedeutungsdimension eine Unternehmensphilosophie, weil hier die Frage nach dem Sinn des Sportartikelherstellers auf eine emotionale und sinnsetzende Art beantwortet wurde. Die Dinge anzugehen, den inneren Schweinehund zu übergehen und einfach mal loszulegen, ist eine athletische Kardinaltugend und damit auch für die Mitarbeiter von Nike ein Antrieb, das zu tun, was sie tun, und wenn sie es gut tun, ist das auch ein zentraler Grund für die Kunden von Nike, dort Laufschuhe und Trikots einzukaufen – inklusive gesteigertem Tatendrang. »Think different« – das wirkungsstarke Plädoyer für Andersdenken hatte eine sinnsetzende Funktion in schwierigen Zeiten für Apple, die Devise »Freude am Fahren« hat ein solche in den seit langem andauernden erfolgreichen Zeiten für BMW. Jeweils handelt es sich hier um Sinnformeln, die den Existenzgrund mit dem Geist der Organisation verbinden und hierdurch eine Chiffre zur Einordnung ihres Wirkens erzeugen. Eine Unternehmensphilosophie ist somit als Mutter allen unternehmerischen Wirkens zu definieren, als Offenlegung der DNA, aus der sich alle Aktivitäten in ihrer Besonderheit ableiten lassen können.

Ein weiteres Beispiel für eine solche Sinnsetzung stellt das Unternehmen Bulthaup dar, dessen Gründer Martin Bulthaup es zunächst nicht in erster Linie darum ging, besondere Küchen zu produzieren. Sein Wirken war von Anfang an von seinem Glauben an eine echte Produkt- und Materialehrlichkeit getragen. Diese Überzeugung stellt laut Gründerenkel Marc O. Eckert (siehe Interview) bis heute die Mutter allen Handelns des Unternemens dar und ist insofern als dessen Philosophie zu begreifen.

Die fatale Gleichsetzung von Sinn und Zweck.

Fasst man Unternehmensphilosophie als Vordringen bis zur letzten Frage der unternehmerischen Motivation, wird schnell klar, warum die »Big Five« der klassischen Unternehmenswerte diese höchsten Ansprüche kaum erfüllen können. Die dort vermittelten Grundwerte Passion, Innovation, Qualität, Kundenorientierung und Rücksicht sind im üblichen Selbstverständnis von Organisationen immer nur Mittel zum Zweck, immer nur Instrumente, um ökonomischen Erfolg zu erzeugen. Jeder dieser Faktoren erhält seine Bedeutung dadurch, dass er entscheidend für den Ertrag ist: Klar, man muss innovativ sein, um auf den Märkten auch zukünftig punkten zu können. Klar muss der Kunde König sein, damit er wiederkommt und bereit ist, einen entsprechenden Preis für das Produkt oder die Dienstleistung zu bezahlen. Klar ist Leidenschaft von großer Bedeutung, um durch ein entsprechendes Engagement besser, schneller und stärker als die Konkurrenz zu sein. Jedes Mal ist der Zweck gesetzt: Wirtschaftlichkeit, Erfolg, Rendite. Das proklamierte Selbstverständnis erklärt nur noch, wie dieser Zweck zu erfüllen ist. Diese Sichtweise greift insofern zu kurz, als es vor oder hinter den sogenannten Werten nichts mehr gibt. Zumindest gerät es nicht in den Blick: der Sinn des Unternehmens, sein Wesen, seine Seele, das Große, das über den finanziellen Zweck hinausgeht und dabei hilft, dass das Unternehmen über sich selbst hinauswächst. Doch woher kommt diese beschränkte Sichtweise?
Üblicherweise werden Zweck und Sinn eines Unternehmens gleichgesetzt: Ein Unternehmen ist dazu da, Geld zu verdienen. Punkt. Das muss als Daseinsgrund reichen. Leitbilder und Philosophien kommen in der Regel erst danach ins Spiel. Dann, wenn es um das »Was« oder »Wie« der Organisation geht. Hier werden Glaubenssätze formuliert und Gebote aufgestellt. Hier werden Unterscheidungsmerkmale und Identifikationsformeln präsentiert. Was dabei allerdings verlorengeht, ist die tiefere Ebene, ein Existenzgrund, der über den trivialen, vorgegebenen Zweck hinausgeht und Mitarbeitern und Kunden das Gefühl gibt, Teil von etwas Großem, Bedeutsamem und Wertvollem

zu sein. Simon Sinek hat die Kraft dieses »großen Warum« in seinem Buch *Start with Why* nachdrücklich beschworen. In diesem Buch wie auch in seinen TED-Reden hat er anhand vieler Unternehmensbeispiele und geschichtlicher Anekdoten dargestellt, wie wichtig dieses »große Warum« ist, wie sehr es uns zu großen Taten beflügelt. Entsprechend lautet auch seine Schlussfolgerung, dass das Warum nicht allein im klassischen Unternehmenszweck Geldverdienen bestehen kann. Die sinnsetzende Funktion einer eigenen Philosophie führt zu mehr Erfüllung bei allen, die mit dem Unternehmen zu tun haben. Und hierdurch indirekt meistens sogar zu mehr Erfolg und mehr Rendite bei der Organisation – entgegen also der eigentlichen Intention der Beantwortung der letzten Fragen.

Der Unterschied zwischen Unternehmenssinn und Unternehmenszweck besteht darin, dass der Unternehmenszweck profan ist und außer Gier und einer computerspielartigen Leistungsmotivation wenig Antriebskraft zu erzeugen vermag. Die Mittel zu diesem Unternehmenszweck sind demgemäß austauschbar und in ihren Formulierungen relativ blass und wenig identitätsstiftend. Tatsächlich erhalten beim Unternehmenszweck »Wirtschaftlichkeit« Aktivitäten wie die Optimierung von Prozessketten, die Erhöhung der Effizienz und der Abbau von Arbeitsplätzen dieselbe, wenn nicht sogar eine höhere Relevanz als der Aufbau von Innovationsfähigkeit oder das Initiieren eines Programms für Corporate Social Responsibility. Der Unternehmenssinn hingegen umfasst den Unternehmenszweck sowie die Mittel, diesen zu erreichen, und taucht beides dann in eine besondere Färbung, bezeichnet eine Intention, ein inneres Anliegen der Organisation, das eine weit über das Ökonomische hinaus wirkende Veränderung der Welt anstrebt. Er lässt das Mitwirken an der Umsetzung des inneren Anliegens des Unternehmens entsprechend als etwas Besonderes, das Leben Bereicherndes erscheinen.

Der Unterschied von Unternehmenszweck und Unternehmenssinn lässt sich sehr schön verdeutlichen anhand der Anekdote über Steve Jobs' Versuch, den damaligen Pepsi-Manager John Sculley für seine noch relativ junge Firma Apple abzuwerben. Jobs' Problem war, dass

Sculley zu diesem Zeitpunkt bei Pepsi viel mehr Geld, Macht, Mitarbeiter, Ruhm und Privilegien hatte, als er ihm bei Apple bieten konnte. Dennoch war er mit seinem Abwerbeversuch erfolgreich. Der Grund dafür war nach Sculleys eigener Schilderung eine einzige Frage, mit der der Apple-Gründer ihn überzeugt hat: »Willst du die Welt verändern oder willst du weiter Limonade verkaufen?«

Diese Frage bringt die Alternativen noch einmal auf den Punkt. Limonade verkauft man, um damit Geld zu verdienen. Das kann natürlich auch interessant sein und sogar Spaß machen. Dennoch wirkt es im Vergleich zur nicht eben unbescheidenen Ambition, die Welt zu verändern, also etwas wirklich Großes zu erreichen, klein und unbedeutend und wenig erstrebenswert. Wollte man diesen Gedankengang noch weiter zuspitzen, könnte man sagen, dass Menschen, die nur einem Unternehmenszweck folgen, letztlich immer nur Erfüller vorgegebener Anforderungen und Maßstäbe sind, während Menschen, die einem Sinn dienen, die Chance haben, von diesem erfüllt zu sein. Noch mehr als das: Die Orientierung an einem »höheren« Sinn erlaubt es ihnen sogar, die vorgefundenen Anforderungen und Maßstäbe immer wieder infrage zu stellen, zu verändern und neu zu definieren, weil sie in gewisser Weise über ihnen stehen.

»Unternehmen sterben niemals von außen, sondern immer nur von innen.«

Ein Interview über Werte und Sinn mit Marc O. Eckert, Geschäftsführer von Bulthaup und Enkel des Gründers

Herr Eckert, welche Bedeutung haben Werte für Unternehmen?
Natürlich sind bei jedem Unternehmen zunächst die Produkte wichtig. Aber die Produkte sind immer nur das Ergebnis einer Überzeugung, einer Haltung. Und diese Haltung entspringt immer aus Werten. Insofern sind es die Werte, die das Unternehmen erst ausmachen, die es wertvoll machen. Dabei sollte man Werte nicht mit Begrifflichkeiten wie Präzision, Qualität, Details oder Architektur verwechseln.

Was verstehen Sie denn unter Werten?
Jedes Unternehmen hat einen Daseinszweck, für den es gegründet worden ist, und der liegt in der Person des Gründers. Denn der Gründer hat einen Wertekompass, ein Werteverständnis, das er in seinen Produkten zum Ausdruck bringen möchte und das mit den typischen Wertebegrifflichkeiten gar nicht abzubilden ist. Nehmen Sie zum Beispiel Apple. Da haben sich Steve Wozniak und Steve Jobs in der Hippiezeit in eine Garage zurückgezogen. Denen ging es dabei überhaupt nicht darum, viel Geld zu verdienen, um Unternehmensaktien oder einen 80-prozentigen Marktanteil. Die hatten einen ganz anderen, einen immanenten Antrieb: Sie wollten ganz einfach die Welt verändern. Sie waren getrieben von der Vorstellung, den Status quo der Computerwelt auf den Kopf zu stellen. Das war in einer Zeit, als man sich gar nicht vorstellen konnte, dass sich ein Unternehmen auf den Stuhl des Kunden setzt und im computertechnischen Bereich das Design, die Benutzerfreundlichkeit, die intuitive Bedienung ins Zentrum stellt. Hierin bestand ein revolutionärer Gegenentwurf zur Big-Blue-Welt von IBM und genau hiermit konnten sich viele Menschen identifizieren. Alles, was Apple dann in der Steve-Jobs-Ära gemacht hat, war aus diesem Gründerwert, von dieser Grundidee abgeleitet.

Und bei Bulthaup?

Auch Martin Bulthaup hat das Unternehmen nicht gegründet, um die besten Küchen zu bauen. Das war nur ein Ergebnis seiner Werte. Seine Überzeugung war es, durch eine echte Produkt- und Materialehrlichkeit bei den Menschen eine hohe Glaubwürdigkeit zu erzeugen. Und diese Überzeugung leitet uns auch noch nach 62 Jahren. Aus dieser grundlegenden Überzeugung, dieser Tiefgründigkeit, folgt für uns eine Konsequenz, eine Klarheit und ein Purismus, die sich dann auch als Ausdruck in unseren Produkten finden. Nur deshalb sagen die Menschen: Bulthaup ist zeitlos und echt – und nicht Bling-Bling.

Lässt sich hieraus auch ein Erfolgsprinzip für die wirtschaftliche Gegenwart ableiten?

Auf jeden Fall. In einer Wissensgesellschaft, in der Rohstoffe, Material, aber auch Design längst Standards sind, schafft gerade heute die Überzeugung den Unterschied. Entscheidend ist, dass das Individuum sich in seinen Anforderungen an die Welt verwirklichen möchte. Deshalb geht es nicht um die beste Küche, das beste Auto, das beste Telefon. Es geht um die Werte der Menschen. Die müssen wir mit unserer Überzeugung erreichen. Entsprechend sollten die Unternehmen gerade heute ihre eigenen Werte klar und konsequent herausarbeiten und zu ihren Überzeugungen stehen.

Wie schaffen es dann aber viele Unternehmen, auch ohne große Überzeugung mit einer kurzfristigen Orientierung an Quartalszahlen sehr erfolgreich im Markt zu operieren?

Für mich existieren tatsächlich zwei grundlegend unterschiedliche Vorgehensweisen. Einerseits kann man Menschen kurzfristig zu einem bestimmten Einkaufsverhalten manipulieren. Das funktioniert über den Preis, über Rabatte oder über Angst, nach dem Motto: Wenn du dieses Mittel nicht kaufst, dann fallen dir die Haare aus. Natürlich auch über sogenannte Innovationen: Wir bieten eine neue Arbeitsplatte – toll, muss ich haben! Oder nicht zuletzt über Gruppenzwang: Dein Nachbar hat es, jeder hat es, nur du nicht, du bist ein Idiot. Diese Verhaltensweise ist kurzfristig oft sehr erfolgreich. Die andere Verhaltensweise ist es, Menschen über eine Überzeugung zu inspirieren. Nur wenn die Kunden das Gefühl haben, dass die Marke mit ihrer Haltung die gleichen Werte hat wie sie selbst, dann entsteht echte Loyalität, dann entsteht eine langfristige Bindung. Nur dann sind Kunden auch bereit, drei Monate auf eine perfekt für sie zugeschnittene Küchenwand zu warten.

Wie beständig müssen die Werte in der Unternehmensentwicklung denn sein?

Die Werte sind der Anker. Die verändern sich nie. Wie man aber die Werte interpretiert, das muss man immer der Zeit anpassen. Da muss man sich schon fragen: Das, was wir heute sehen, ist das schon die Antwort auf die Bedürfnisse der Menschen von heute und morgen?

Und was passiert, wenn die Unternehmenswerte durch die vielen Anforderungen des Tagesgeschäftes aus dem Blickfeld verschwinden?

Dann entsteht ein Grundproblem, in das fast alle Unternehmen zu einer bestimmten Zeit geraten. Wenn der eigentliche Sinn und Daseinszweck eines Unternehmens in Vergessenheit gerät, weil etwa der Gründer stirbt oder der falsche Manager von außen kommt, dann wird der eigentliche Sinn mit dem Unternehmenszweck Geld verdienen, Umsatz machen, Ergebnisse erzielen verwechselt. Dann kommen noch die Controller. Und dann gehen auch die Werte verloren. Wenn aber der Glaube an die Werte, an die eigene Stärke, wenn die Überzeugung und die Kraft des Unternehmens verloren gehen, dann stirbt es von innen. Unternehmen sterben niemals von außen, sondern immer nur von innen. Wenn das Werteverständnis diffus wird, wenn die Klarheit und die Konsequenz verloren gehen und eine Beliebigkeit entsteht, dann geht der Kompass, der Anker verloren.

Wie kann ein Unternehmen denn eine solche Werteerosion verhindern? Oder umgekehrt, wie kann es seine Werte über die Zeit lebendig halten?

Das ist die schwierigste Aufgabe, die Überzeugung und die Werte nicht nur irgendwo auf ein Papier zu schreiben, sondern im ganzen Unternehmen für eine Konvergenz, für ein Leben dieser Überzeugung zu sorgen. Die Lösung dieser Aufgabe ist aber entscheidend, damit das Unternehmen immer wieder den Mut und die Disziplin hat, sich in den eigenen

Werten zu spiegeln. So sehe ich es auch als meine primäre Aufgabe, Bulthaup wie ein Uhrwerk aufzubauen, das unabhängig von den handelnden Personen nach den aufgestellten Werten tickt. Dabei darf der Uhrmacher kein Zeitansager sein, nach dem Motto: Du machst das und du machst das. Er muss stattdessen das Warum vorgeben. Und das Warum, das sind eben die Werte.

2. Nutzen, Lust und Sinn – Die drei Anreiztypen unseres Verhaltens.

Im Hinblick auf die Beweggründe ihres Handelns unterscheidet man bei Individuen zwischen intrinsischer und extrinsischer Motivation. Extrinsische Motivation meint einen Anreiz, der von außen kommt, vergleichbar der Möhre, die – vor die Nüstern gehalten – das Pferd zum Laufen bringt. Das heißt: Wenn man etwas Bestimmtes tut, winkt dafür eine Belohnung in Form von Geld, Ruhm, Karriere, Zuneigung oder sogar Macht. Man würde das, was zu tun ist, normalerweise nicht unbedingt tun; da es aber diese tolle Belohnung gibt, macht man es doch und manchmal sogar gerne. Hingegen ist bei der intrinsischen Motivation das Gerne-Tun der ausschlaggebende Faktor. Hier tut man etwas nicht, weil man es soll, sondern weil man es unbedingt tun will, völlig unabhängig davon, ob es dafür eine Belohnung gibt oder nicht. Man ist sogar bereit, etwas zu bezahlen oder etwas auf sich zu nehmen, um diese Dinge tun zu können, sei es Geld, sei es Zeit, seien es Risiken oder absehbare Probleme mit anderen. Natürlich kann man auch hier von einer Belohnung sprechen, allerdings kommt diese nicht von außen. Sie liegt in der Person selbst, in einer inneren Befriedigung, die das Tun ihr verschafft, in einem Glückszustand, der durch ihr Tun erzeugt wird.

Nun wird seit einigen Jahrzehnten in der Motivationsforschung mit diesen Begriffen gerungen, ist es doch oft schwierig, bei einer Handlung klar zwischen intrinsischer und extrinsischer Art der Motivation zu unterscheiden. Zudem machen die beiden Begrifflichkeiten zu wenig deutlich, worin genau der Anreiz der Handlung besteht. Was genau ist es, das mich reizt, mit Freunden Monopoly zu spielen? Mache ich das aus einem extrinsischen Antrieb heraus, weil mir nach einem tollen Spiel alle anerkennend auf die Schulter klopfen? Oder bin ich intrinsisch motiviert, weil das Spiel mich für vier Stunden in eine andere Welt abtauchen lässt, in der ich einfach viel Spaß habe? Der Interpretationsspielraum ist immens und es gibt außer der Selbstaussage des Monopoly-Spielers kaum etwas, das Aufschluss über seine Motive geben könnte. Aus diesem Grund scheint es sinnvoll, die dichotomische Unterscheidung zu erweitern und in drei Anreiztypen auszudifferenzieren, welche sich eindeutiger entsprechenden Handlungsweisen zuordnen lassen. Das hilft, entscheidende blinde Flecken, die die Unterscheidung von intrinsischer und extrinsischer Motivation hinterlässt, auszuleuchten. Maßgebend für diese Reformulierung soll die eingeführte Unterscheidung von Sinn und Zweck sein.

Zunächst einmal ist evident, dass bei der extrinsischen Motivation das eigene Handeln immer als Mittel zu einem bestimmten (äußeren) Zweck dient. Das, was man tut, ordnet sich dem, wofür man es tut, unter. Man kann also von einem Mittel-Zweck-Handeln sprechen. Der Anreiz ist vorrangig die Belohnung, sie ist der »Nutzen« der Handlung. Vermutlich würde man für die gleiche Belohnung auch etwas anderes machen. Bei der intrinsischen Motivation ist dies anders: Bei ihr liegt der Zweck bereits im Handeln. Die Handlung selbst ist schon die Belohnung, sie stellt den eigentlichen Anreiz des Tuns dar. Bei dieser Handlungsart ist es einem keineswegs egal, was zu tun ist. Tatsächlich präferiert man genau dieses Handeln und kein anderes, weil es einem »Lust« vermittelt. Es ist das, was man machen will und dafür ist man mitunter bereit, etwas anderes zu opfern. Entsprechend kann man bei der intrinsischen Motivation von einem selbstzweckhaften Handlungstyp sprechen und ihn auf diese Weise klar und deutlich vom Mittel-Zweck-Handeln unterscheiden.

Beispielhaft könnte man als typisches Mittel-Zweck-Handeln mit einem »Nutzen«-Anreiz das Lernen für die ungeliebte Matheklausur nennen. Hier lernt man, weil man es muss. Schließlich will man eine gute Note, um bessere Aussichten auf einen Studienplatz und so größere Chancen auf dem Arbeitsmarkt zu bekommen. Man folgt in diesem Fall also klar einer Nutzenerwägung. Das Lernen selbst ist für viele dagegen eher eine Qual, ein notwendiges Übel, ein Mittel zum Zweck. Dagegen wäre etwa das Skifahren ein gutes Beispiel für ein selbstzweckhaftes Handeln. Ich fahre Ski, um Ski zu fahren. Tatsächlich bin ich sogar eher enttäuscht, wenn ich unten ankomme, das tolle Abfahrtserlebnis also vorbei ist. Der mögliche äußere Zweck des Transports von Punkt A nach Punkt B spielt für diese Handlung so gut wie keine Rolle, sie hat keinerlei Anreizfunktion. Der Anreiz besteht allein im Sich-Bewegen, im Schwingen, in der Geschwindigkeit, dem Fahrabenteuer oder ganz einfach in der »Lust« am Skifahren.

Nun gibt es neben dem Mittel-Zweck-Handeln und dem selbstzweckhaften Handeln allerdings noch eine dritte Handlungsart, die durch die einfache Unterscheidung von intrinsischer und extrinsischer Motivation nicht erfasst werden kann. Es geht um die Motivation des sinnerfüllten Handelns. Diese Handlungsart ist mit einem kategorial anderen Anreiztyp verbunden als dem des »Nutzens« oder der »Lust«. Das wird deutlich, wenn wir uns noch einmal mit der Steve-Jobs-Anekdote beschäftigen. Steve Jobs hatte John Sculley vor die Alternative gestellt: Limonade verkaufen oder die Welt verändern. Na klar, mit dem Verkauf von Zitronenlimonade verbindet sich nun wahrlich keine hohe Bedeutung, kein hoher Wert – kein Mensch auf der Welt ist auf das süße Zitronengetränk angewiesen. Also braucht es für die meisten – zumal die Verantwortungsträger – schon eine starke Belohnung in Form von guter Bezahlung und/oder anderer Annehmlichkeiten, um sich auf diese Tätigkeit einzulassen. Insofern handelt es sich hier sehr eindeutig um ein Mittel-Zweck-Handeln mit dem Anreiz eines erkennbaren Nutzens.

Auf der anderen Seite steht der Anreiz, die Welt zu verändern. Ist das auch ein normaler Zweck, ein typischer Nutzen, dem sich mein Handeln unterwirft? Oder handelt es sich hier um ein selbstzweckhaftes Handeln, das rein durch Lust motiviert wird? Belohnt mich das Weltverändern also schon in seinem Vollzug und braucht keine weitere

Belohnung? Oder ist darin auch wieder nur ein Nutzen angelegt? Irgendwie scheint ja beides richtig zu sein: Die Aussicht, die Welt zu verändern, scheint mich gleichzeitig intrinsisch und extrinsisch zu reizen. Und doch lässt sich die Überzeugungskraft des Job(s)-Angebotes so nicht wirklich fassen. Denn wir hatten ja schon festgestellt, dass beide Motivationstypen auch für das Monopoly-Spiel zutreffen können. Insofern müssen wir uns fragen, wieso für John Sculley die Option, die Welt zu verändern, so unglaublich viel attraktiver war, als bei außerordentlich guter Belohnung weiter Limonade zu verkaufen. Mit der Erklärung, es war »mehr Lust« im Spiel, können wir den Wechsel der Arbeitsstelle jedenfalls nicht wirklich verständlich machen.

Um zu einer zufriedenstellenden Erklärung zu gelangen, müssen wir den genannten dritten Anreiztyp einführen, der sich weder auf einen Nutzen noch auf Lust beschränkt, sondern über beides hinausgeht und beides dabei irgendwie umfasst. Und dieser Anreiz ist der des »Sinns«. Sinnerfülltes Handeln hat zwar immer einen Zweck, nur ist es eine andere Form von Zweck, nennen wir sie vorläufig »höherer Zweck« oder »größerer Zweck«. Sie schließt das Selbstzweckhafte wesentlich mit ein und hebt gleichzeitig die Kombination auf eine andere Ebene. Genau dieser Umstand macht das sinnerfüllte Handeln so besonders und so wertvoll. Welcher Unterschied gemeint ist, lässt sich leicht klar machen am Beispiel eines Kunstmalers: Es gibt den »Nutzen-Maler«, also einen, dem es schnuppe ist, was und warum er malt. Er malt einfach genau das, womit er gut Geld verdienen kann. Er malt die Bilder, die der Markt seiner Einschätzung nach verlangt. Der »Lust-Maler« ist hingegen einer, der das, was in ihm ist, ausdrücken möchte, der das Spiel mit Farben liebt, der drauflos malt und dabei ausschließlich seiner Fantasie und keinerlei weiterem Zweck folgt. Meist ist für ihn Malen ein Hobby, das ihm seine Art der Selbstverwirklichung ermöglicht. Der »Sinn-Maler« zuletzt ist einer, der das Malen liebt, dem es aber nicht ausreicht, seinen Dachboden mit immer neuen bemalten Leinwänden zu füllen, nur weil das Malen ihm eben Spaß macht und er sich damit gut ausdrücken kann. Der Sinn-Maler will andere Menschen mit seinen Bildern irritieren und bewegen, er will die Kunst voranbringen, ihr seinen Stempel aufdrücken, der Malerei eine Note verleihen und der Gesellschaft einen anderen Ton. Nichts wäre absurder, als einem van Gogh oder Picasso, einem Lucian Freud oder Francis Bacon zu unterstellen, sie hätten nur aus Nutzen-Gründen oder nur aus Lust-Gründen gemalt. Natürlich spielten beide Motivationsarten bei allen diesen Malern auch eine Rolle, aber der eigentliche Anreiz ihres Wirkens war ein ganz anderer. Er lag in ihrer Arbeit an einem Werk, an ihrem Werk! Und dieses Werk, ihr Lebenswerk, muss man als einen höheren Zweck, als Sinn ihres gesamten Handelns begreifen, um zu verstehen, was diese Maler in ihrem Wirken und Tun so sehr angetrieben hat, was der größte Anreiz für ihr Handeln war. Picassos oder Bacons Schaffen war geprägt von dem Gefühl, Teil von etwas Großem zu sein, die Welt ein Stück weit mit ihrem Tun verändern zu können. Das kann man in zahllosen Zitaten und Selbstzeugnissen nachlesen. Um beseelt und begeistert von der Sache selbst zu sein, diese über alles, womit man ansonsten zu tun hat, stellen zu können, reichen Geld, Ruhm und Selbstausdruck schlicht nicht aus. Die Belohnung liegt in etwas Umfassenderem, das sich nicht eben so materialisieren lässt. Und genau dieses Gefühl von Sinn und Größe, von echter Unterscheidung muss auch den unwiderstehlichen Anreiz für John Sculley dargestellt haben – die Gewissheit, dass das eigene Handeln mit der neuen Aufgabe einem höheren Zweck folgt. Schon damals hat er Apple wohl nicht als eines der üblichen Unternehmen gesehen, sondern als ein Vehikel, um die Welt zu verändern, Geschichte zu schreiben, das Leben der Menschen zu bereichern. Ganz so wie moderne Maler die Wirkung ihrer Kunst auffassten.

Der Unterschied der drei Anreiztypen lässt sich vielleicht noch anschaulicher machen am Beispiel eines Chirurgen, der sein langwieriges Studium und seine absurden Arbeitszeiten in Kauf nehmen kann, weil er dafür viel Geld und Anerkennung bekommt (»Nutzen«). Genauso gut kann er aber auch in höchstem Maße motiviert sein, Menschen bei äußerster Konzentration und mit großer technischer Kunstfertigkeit über Stunden, die wie Sekunden vergehen (»Lust«), zu operieren. Er kann aber schließlich am Ende eines Arbeitstages auch einfach davon beseelt sein, Menschenleben gerettet zu haben (»Sinn«). Alle drei Möglichkeiten bieten einen eigenen Handlungsanreiz und starken Antriebsfaktor und offenbaren die drei dargestellten Handlungsarten.

Am Beispiel des Chirurgen lassen sich jedoch nicht nur die unterschiedlichen Anreiztypen verdeutlichen. Gezeigt werden kann auch, dass die Anreiztypen sich in keiner Weise ausschließen müssen, sondern ganz im Gegenteil in völlig unterschiedlicher Kombination und Mischung auftreten können. Wenn jemand selbstvergessen Klavier spielt wie Glenn Gould, muss das nicht bedeuten, dass ihn nicht gleichzeitig auch der mögliche Verkauf von Millionen Platten oder ein eventueller Konzertauftritt in der Mailänder Scala motiviert. Noch dazu könnte auch die Verzauberung des Publikums durch sein Spiel ein wesentlicher Anreiz für ihn sein. Die entscheidende Frage, die sich deshalb bei jedem Verhalten stellt, ist, welcher Anreiztyp in welcher Stärke zur Wirkung gelangt. Und dies ist auch die entscheidende Frage für die Suche nach der Kraft, die ein Unternehmen ebenso bewegt und antreibt wie die Menschen, die in ihm arbeiten und in ihm leben.

Der Philosoph Ernst Tugendhat hat in diesem Zusammenhang den Anreiztypus Sinn sehr anschaulich gemacht, indem er ihn als »Endzweck« klassifiziert und damit deutlich abhebt von allen anderen Zwecken, die jeweils für sich immer auch Mittel für einen anderen Zweck darstellen können. Wie gesagt: Eine gute Note zu bekommen, ist der Zweck meines Lernens für die Matheklausur, aber die gute Note ist wiederum nur Mittel für den Zweck, einen adäquaten Studienplatz zu erreichen etc. Interessant ist dann natürlich die Frage: Wo enden wir? Welches ist der letzte Zweck in dieser Kette? Wofür dies alles? Erst wenn man diese Frage beantworten kann, stößt man auf den Anreiztyp der tieferen Ebene, der ein sinnerfülltes Handeln erst möglich macht. Folgt man der Begriffsbestimmung von Tugendhat, dann stellt der Sinn eine völlig eigene Kategorie und nicht nur eine bestimmte Art von Zweck dar. Sinn als Endzweck umfasst alle Zwecke und vor allem auch alle Selbstzwecke. Damit entzieht er sich der einfachen Unterscheidung zwischen intrinsischer und extrinsischer Motivation. Tatsächlich hebt er sie in einer Synthese als sinnerfülltes Handeln auf eine andere Ebene. Geradezu als Paradebeispiel eines solchen Endzwecks können wir die Absicht, mit dem eigenen Tun, die Welt zu verändern, charakterisieren. Er ist ein prototypischer Fall eines Sinns, der zugleich die Funktionen des Zwecks und den des Selbstzwecks umfasst und das eigene Verhalten so mit einer »höheren« Bedeutung auflädt.

Eine Übersicht der drei Anreiztypen:

Anreiztyp	»Nutzen«	»Lust«	»Sinn«
Verhaltenstyp	zweckorientiert	selbstzweckhaft	sinnerfüllt
Bedeutungs-schwerpunkt	für ein Ziel	für mich	für die Welt
Zweckform	Zweck	Selbstzweck	Endzweck
Handlungsbild	für eine Klausur lernen	Skifahren	der Bau einer Kathedrale
Grundhaltung	»Nur das Ergebnis zählt.« (Profit)	»Der Weg ist das Ziel.« (Passion)	»Lass uns die Welt verändern!« (Purpose)

Kathedralenbau als Sinnmetapher.

Wir haben also festgestellt, dass die primäre Funktion der Unternehmensphilosophie darin besteht, einen Sinn zu setzen. Und wir haben gesehen, dass Sinn ein vom Nutzen und von der Lust zu unterscheidender Anreiztyp ist, der ein (von etwas Höherem) erfülltes Verhalten für Menschen möglich macht. Wie beide Erkenntnisse zusammenhängen und daraus ein großes Bild entsteht, macht eine Analogie deutlich: der Kathedralenbau, der als Metapher für den Sinn, den höheren Zweck eines Tuns dient.

Ein Mann schlendert über eine große Baustelle und nimmt die unterschiedlichen Typen von Arbeitern unter die Lupe. Ihn interessieren nicht die Unterschiede der Tätigkeiten – alle, die er beobachtet, sind damit beschäftigt, Steine zu klopfen – er richtet seine volle Aufmerksamkeit auf die Art, wie die Arbeiter ihre Tätigkeit verrichten. Der erste Arbeiter etwa, der dem Mann auffällt, schlägt fast schon wütend auf seinen Stein ein, also fragt er ihn, was er da tue. Der Arbeiter schaut zu ihm auf, sein Gesicht wirkt angespannt, sein Ausdruck gestresst. Er scheint genervt, dass er bei der Arbeit gestört wird, und antwortet entsprechend missmutig: »Ich haue Steine, das sehen Sie doch!«, senkt den Blick wieder und beendet das kurze Gespräch.

Der nächste Steineklopfer, auf den der Mann aufmerksam wird, scheint das genaue Gegenteil zu sein vom ersten. Fröhlich pfeifend klopft er auf seinem Stein herum, schaut dabei auch ab und zu, was die anderen machen, wirkt sehr zufrieden in seinem Tun, wenngleich er nicht unbedingt zu den Produktivsten auf der Baustelle zählen dürfte. Unser Beobachter fragt auch ihn, was er da tue, bekommt dafür einen freundlichen Blick und die gut gelaunte Antwort: »Ich liebe einfach die Arbeit mit Steinen.« Dann lächelt der fröhliche Arbeiter wieder und setzt seine Arbeit und sein fröhliches Pfeifen fort. Schließlich gerät der Mann an einen dritten Arbeiter, der voller Konzentration seinen Stein bearbeitet. Er versucht jeden Schlag ganz präzise zu setzen und wirkt regelrecht beseelt von dem, was er macht. Also stellt der Beobachter auch diesem Kandidaten seine Frage. Der schaut auf und blickt ihn mit einem strahlenden Leuchten in den Augen an und antwortet: »Ich baue eine Kathedrale.«

»Ich baue eine Kathedrale« – das ist eine schöne Metapher für sinnerfülltes Handeln, verbindet sie doch den höheren Zweck der Kathedrale mit der selbstzweckhaften Lust, an dieser Kathedrale – und an nichts anderem – mitzuarbeiten. Der Bau einer Kathedrale ist als Endzweck zu verstehen, der Bau eines überstrahlenden Gotteshauses trägt einen besonderen Sinn in sich. Zugleich ist er etwas ganz Unerhörtes, bei dessen Umsetzung man sich als Teil von etwas Großem fühlen kann. Und zuletzt verbindet dieser Bau auf einzigartige Weise extrinsische mit intrinsischer Motivation. Der Kathedralenbau kann also als universale Metapher gesehen werden. Sie hilft zu erfassen, wofür es sich zu leben lohnt, wofür es sich zu arbeiten lohnt. Und sie hilft eben auch zu erfassen, wofür ein Unternehmen steht, was das Wesen, was den Sinn des Unternehmens ausmacht: Welche Art von Kathedrale wollen wir mit unserem Unternehmen bauen?

Entsprechend richtet sich Unternehmensphilosophie nach der Forderung aus, dass jedes Unternehmen, jede Organisation im übertragenen Sinne eine Kathedrale bauen sollte. Denn die Kathedrale ist das, was das Unternehmen über den reinen Zweck des Geldverdienens erhebt und zu etwas ganz Besonderem macht. Für die Gründer. Für die Führungskräfte und Mitarbeiter. Nicht zuletzt aber auch für die Kunden, die Dienstleister, die Öffentlichkeit. Beim gemeinsamen Bau einer solchen Kathedrale wird jeder das Gefühl entwickeln, etwas von Bedeutung zu tun, etwas, das in der Welt einen Unterschied macht, etwas, mit dem er sich identifizieren kann, das aber zugleich über seinen ichbezogenen Wirkungskreis weit hinausreicht und ihn deshalb auf eine andere Art beseelt als das bloß selbstzweckhafte Verhalten.

Der Gründer der Positiven Psychologie, Martin Seligman, verallgemeinert den Wert von Sinn auf das gesamte Leben, indem er schreibt: »Der Sinn des Lebens besteht darin, sich mit etwas Größerem zu verbinden – und je größer das ist, woran Sie sich halten, desto sinnvoller ist Ihr Leben.« Diese Erkenntnis kommt nicht von ungefähr, sondern ist das Fazit aus über 40 Jahren Forschung zu den Themenbereichen Glück, Sinn und erfülltes Leben. In zahllosen Studien hat die Positive Psychologie untersucht, welche Strategien wir verfolgen, um glücklich zu sein und welche Strategien dabei wie erfolgreich sind. Der Gründer des amerikanischen Schuhversenders Zappos Tony Hsieh (siehe den anschließenden Case) hat die Erkenntnisse von Seligmann für den Unternehmenskontext in drei leicht fassbare Begriffe übersetzt, die sich weitestgehend mit den drei Anreiztypen decken. So wird vom einzelnen Menschen wie von Unternehmen am häufigsten die Strategie »Profit« gewählt, eine Maximierung des Nutzens, möglichst verbunden mit einer Minimierung der Schäden. Diese Strategie kann man als eine zweckrationale, grundsätzlich utilitaristische Vorgehensweise bezeichnen. Sie geht in der Regel einher mit einem starken Konkurrenzdenken und einer eher kurzfristigen Orientierung. Ihre Grundhaltung könnte man verdichten auf den Satz: »Nur das Ergebnis zählt« oder »Entscheidend ist, was rauskommt«. Diese ziel- und ergebnisorientierte Strategie wird in den USA und Europa derzeit von 70 Prozent der Bevölkerung und ihrer Unternehmen genutzt.

Die zweite Strategie nennt Hsieh »Passion«, also das Folgen einer Leidenschaft, in der wir den Anreiztyp der Lust, des Selbstzweckhaften wiederfinden. Hier geht es darum, sich auf das zu fokussieren, was Flow erzeugt, was einen fesselt und über der Tätigkeit die Zeit vergessen lässt. Diese Strategie hat eher einen hedonistischen, egozentrischen Charakter. Man könnte sie zusammenfassen mit: »Der Weg ist das Ziel« oder auch »Erlaubt ist, was gefällt«. Es geht um Selbstverwirklichung und Spaß an der Freude. Diese Strategie wird von etwa 20 Prozent der Bevölkerung und Unternehmen als Leitmotiv genutzt. Seit den 1970er Jahren werden im Unternehmenskontext Elemente dieser Strategie auch verstärkt eingesetzt, um Mitarbeiter zu binden und ihren gestalterischen Kräften Entfaltungsraum zu geben.

Die dritte und letzte Strategie ist die des »(Higher) Purpose«, also des Verfolgens eines höheren Sinns. Das ist die Strategie, um die es in diesem Buch geht und um die es in jeder Unternehmensphilosophie gehen sollte: Sinnsetzung durch Teilhabe und Teilnahme an etwas Großem. »Lass uns die Welt verändern«, so könnte der passende Sinnspruch lauten, oder wie im berühmt gewordenen Apple-Werbespot »To the crazy ones« ausgedrückt: »Diejenigen, die verrückt genug sind zu glauben, sie könnten die Welt verändern, sind die, die es tun.« Die Purpose-Strategie ist eher langfristig und umfassend orientiert. Sie versucht ein Muster zu etablieren, das alle Handlungen und Aktivitäten in einer bestimmten Weise einfärbt und auflädt. Sie gibt dem Menschen oder Unternehmen eine grandiose Aufgabe vor, deren Bewältigung Freude mit Erfolg verbindet, und dafür aber auch Zeiten des Misserfolgs in Kauf nimmt. Neben den Utilitaristen und den Hedonisten setzt sie den Typus des Enthusiasten, der mit Begeisterung und langfristiger Beseeltheit sein Werk verfolgt. Diese Strategie wird heute nur von etwa 10 Prozent der Bevölkerung und Unternehmen verfolgt.

Bemerkenswert bei dieser Strategieverteilung ist, dass sie konträr verläuft zu den Erkenntnissen über den Erfolg der einzelnen Vorgehensweisen. So haben Seligmann für das individuelle Leben und etwa Jim Stengel für Unternehmen herausgefunden, dass die Sinn-Strategie sowohl wirtschaftlich als auch emotional den nachhaltigsten positiven Effekt hat. Menschen, die der (Higher) Purpose-Strategie folgen, schneiden in der Glücksforschung deutlich besser ab als die Leitgestalt der Gegenwart, der von dem Philosophen Michael Hampe so genannte »konkurrenzorientierte Nutzenmaximierer«. Auch Unternehmen, die echte Ideale haben und leben, sind gerade heute deutlich erfolgreicher als die klassischen »Profitmaschinen« des ausgehenden Effizienz-Zeitalters.

Sieben Gründe, warum Sinn Erfolge schafft.

Jim Stengel, der frühere CMO von Procter & Gamble hat sich lange mit dem Thema Sinn und Ideale in Unternehmen beschäftigt und eine großangelegte Studie mit dem Marktforschungsinstitut Millward Brown durchgeführt, die über 5000 Unternehmen über einen Zeitraum von über einer Dekade erfasste. Das Ergebnis dieser Studie bestätigt eindrucksvoll, dass Unternehmen und Marken mit Idealen deutlich erfolgreicher sind und mehr Profit erzeugen als diejenigen, die sich in der Hauptsache auf Profiterzeugung konzentrieren. Auch Stengel ist entsprechend davon überzeugt, dass der höhere Sinn eines Unternehmens in vielen Dimensionen eine besondere Wirkung entfaltet.

Am Beispiel eines Haarsalons, der nicht nur den Service des Haarschneidens bietet, sondern mit diesem Service den Anspruch verbindet, dem Kunden einen zusätzlichen besonderen Wert zu offerieren, verdeutlicht er das, was er als höheren Sinn bezeichnet. Der (Higher) Purpose eines Salons könnte sein, »Menschen für einen Moment aus ihrem Alltag zu entführen, ihnen einen charmanten kleinen Fluchtort zu bieten, der ihnen eine bereichernde, besondere Erfahrung ermöglicht und ihnen auf diese Weise das Gefühl vermittelt, ein kleines bisschen ein neuer Mensch geworden zu sein«. Stengel sieht einen solchen Anspruch, ein solches Ideal schon bei einer Vielzahl von Unternehmen und Marken gegeben, etwa bei IBM mit der Mission »Build a smarter planet« oder bei seinem früheren Arbeitgeber Pamper's mit dem Mantra »Being Partner for Parents in their Children's Development«.

Stellt man Unternehmen, die eine Kathedrale bauen, also einem spezifischen Sinn folgen, den rein profitorientierten Unternehmen gegenüber, schneiden die ersten in der Tat in vielen Punkten überzeugender ab. So sind Unternehmen mit einem »höheren Zweck«:

- *Deutlich motivierender für alle Beteiligten.*
  Sich als Teil von etwas Großem zu fühlen, ist nachgewiesenermaßen eine der größten Glücksquellen in unserem Leben. Und da die klassischen »Größe-Lieferanten« in unserem Leben – die Familie, die Religion oder die Heimat – deutlich an Identifikationskraft eingebüßt haben, ist der Wunsch nach Sinn bei den Menschen gegenwärtig sehr ausgeprägt. Im Gegenzug dazu haben sich unsere Konsummöglichkeiten in den letzten Jahrzehnten zwar massiv erweitert, doch scheint dies das Versiegen der Sinnquellen nicht wirklich kompensieren zu können. Nach dem Wissenschaftsjournalisten David Brooks ist das im Lichte der von ihm durchforsteten aktuellen wissenschaftlichen Erkenntnisse auch kein Wunder, denn: »Der bewusste Teil unseres Geistes sehnt sich nach Dingen, die in irgendwelchen Lifestyle-Zeitschriften beschrieben werden: nach Geld, nach Erfolg, nach Ruhm. Unser Unbewusstes sehnt sich hingegen eigentlich nach den Momenten, in denen das Bewusstsein des Selbst in den Hintergrund tritt und verschwindet. Wenn man sich zum Beispiel in irgendeiner Arbeit verliert, weil man sich wie verschmolzen mit ihr fühlt, wenn man in Gottes Liebe aufgeht oder in der Liebe zu einem anderen Menschen. Unser Geist ist dann am glücklichsten, wenn er die Hülle des Bewusstseins abzulegen vermag und in etwas aufgeht, das größer als er selbst ist.«

- *Konkurrenzfähiger auf dem Arbeitsmarkt.*
Dieses In-etwas-aufgehen-Können stellt eine ganz zentrale Sehn-sucht von Mitarbeitern bei der Arbeitssuche dar, insbesondere, wenn es sich dabei um hochqualifizierte Kandidaten handelt, die sich ihren Arbeitsplatz praktisch aussuchen können. Das Gefühl, dabei zu sein, wenn die Welt verändert wird, wenn gemeinsam etwas Grandioses erarbeitet wird, ist daher ein kaum zu überbie-tendes Argument im »War for Talents«, im zunehmenden Wett-bewerb um Fachkräfte und High Potentials – und zwar nicht nur in der Mitarbeiterfindung, sondern auch in der Mitarbeiterbin-dung. Der dm-Gründer und Sinnpionier Götz Werner spitzt die wachsende Bedürfnislage noch zu: »Bei allem, was ich tue, lautet doch die einzig relevante Frage: Hat, was ich mache, Sinn? Nicht: Werde ich dafür bezahlt? Oder werde ich dafür befördert?«
- *Umfassender im Anspruch und langfristiger in der Ausrichtung.*
In einem Zeitalter verschärfter Beschleunigung, in der sich alles permanent ändert und ein Change-Prozess den nächsten nach sich zieht und ein Unternehmensprogramm das nächste ablöst, ist »der Sinn des Unternehmens« eine entscheidende Konstante, an der sich Führungskräfte, Mitarbeiter, Kunden und Lieferanten permanent orientieren können. Er ist das, was Halt und Orientie-rung gibt. Er ist das, was alle mit einbezieht und in die Verant-wortung nimmt, ohne auf Corporate-Social-Responsibility-Phra-sen angewiesen zu sein. Er bildet angesichts der wachsenden Reaktivität und Agilität der Unternehmen den bleibenden Kern. Der Sinn stellt das Rückgrat und das Kraftfeld des Organisations-verhaltens dar, das alles andere untermalt und überstrahlt. Geht er verloren, wird das Unternehmen zu einem seelenlosen Apparat. Oder wie der Dedon-Gründer Bobby Dekeyser es ausdrückt: »Was sind Gewinne wert, wenn sie nicht einer größeren Sache dienen?«
- *Relevanter bei Kunden.*
Durch die weiter anwachsende Sehnsucht nach Sinn werden star-ke Sinn- und Identifikationsangebote heute immer mehr zum pro-baten Mittel der Vermarktung. Zahlreiche Marken zollen dieser

Erkenntnis Tribut, indem sie sich wie Dove als Vorreiter eines gegen den Mainstream verlaufenden Schönheitsideals verkaufen (»Initiative für wahre Schönheit«) oder sich wie die Marke Innocent mit ihrer Mission als Gutfühlermöglicher positionieren (»Make it easy for people to do themselves good«). Auch Automarken differenzieren ihre Marken und Linien mittlerweile sehr erfolgreich über zielgruppenspezifische Haltungs- und Identifikationsangebote wie »Die Kunst, voraus zu sein« (Audi), »Erst das Vergnügen« (VW) oder »Das Beste oder Nichts« (Mercedes). Ziel ist es jeweils, das materielle Produkt mental aufzuladen, ihm einen ideologischen Mehrwert zu geben, der dem Ich-Ideal des Kunden entspricht und auf diese Weise seine Sehnsüchte erfüllt: seine Sehnsucht nach Entlastung (Dove), seine Sehnsucht nach Bewusstheit (Innocent) oder seine Sehnsucht nach Führungsstärke (Audi). Nun stellt sich die berechtigte Frage, ob das Unternehmen bei seinen Sinnangeboten insofern authentisch kommunizieren kann, als der erklärte Sinn nicht nur in Wort, sondern auch in Tat Gültigkeit hat, das heißt dem tatsächlichen Wirken des Unternehmens entspricht und nicht nur eine Marketingfassade darstellt. Doch dazu später mehr.

- *Resistenter gegen Krisen.*
Nahezu jedes Unternehmen durchlebt irgendwann Krisen. Weil es sich nicht schnell genug an Markt- und Gesellschaftsveränderungen angepasst hat. Oder weil es eine überbordende Bürokratie aufgebaut hat. Dann frustriert der fehlende Erfolg und die Hoffnung wird geschmälert. Gerade in diesen Zeiten ist es entscheidend zu wissen, wofür man das alles macht. Gerade in schlechten Phasen braucht es etwas Gutes, an das man glauben kann, das einem den Rücken stärkt und das einen auf Kurs hält, ganz im Sinne von Friedrich Nietzsche: »Wer weiß, warum er lebt, kann fast jedes Wie ertragen.« Sinn ist einfach ein entscheidender Resilienzfaktor.

- *Produktiver im Ergebnis.*
Entschlossenheit ist nach Martin Seligmann die Kombination aus großer Ausdauer und starker Leidenschaft für eine Thematik. Sie

ist die Quelle für wahrhaft außerordentliche Leistungen. So sagen Entschlossenheitstests das Verbleiben in Spezialeinheiten der Army punktgenauer voraus als jede andere Messmethode – ebenso die Verkaufszahlen im Immobiliengeschäft oder die Notendurchschnitte in der Schule oder im Studium. Der IQ dagegen ist in seiner Vorhersagekraft nicht einmal halb so treffsicher. Entschlossenheit, Engagement, diese »nie nachgebende Form von Selbstdisziplin« ist deshalb ein absoluter Schlüsselfaktor für die Leistungskraft und die Produktivität von Mitarbeitern. Angestachelt wird sie vorwiegend vom Kathedralenfaktor: dem Bauwunsch einerseits und der permanenten Transparenz des Baufortschrittes andererseits.

- *Insgesamt dadurch ertrags- und wachstumsstärker.*
Viele der großen Unternehmen und Unternehmenserfolge der letzten Jahrzehnte lassen sich nach Jim Stengel an der Orientierung an Sinn und Idealen festmachen. Die genannten Sinnstärken führen in ihrem Zusammenwirken zu besseren Mitarbeitern, besseren Produkten und besseren Ergebnissen. Die von Stengel identifizierten 50 Marken und Unternehmen, die an Idealen ausgerichtet sind, haben ihren Wert in einem über zehnjährigen Beobachtungszeitraum um mehrere hundert Prozent mehr steigern können als die Unternehmen des Vergleichsindex S&P 500.

Fassen wir die Erkenntnisse bis hierher zusammen, dann wird deutlich, dass in der Gleichsetzung von Unternehmenszweck und Unternehmenssinn eine einseitige Motivverengung vorliegt. Nur den Unternehmenszweck »Profit« zu verfolgen, bedeutet unnötigerweise häufig, den »höheren« Sinn auszuschließen. Dabei gibt es viele, viele Beispiele von Unternehmen, die beide Seiten zusammenbringen, die alle drei Anreiztypen integrieren und damit ihr Wirken auf eine höhere Ebene heben. Die Aufgabe der Unternehmensphilosophie ist es entsprechend, Organisationen diese höhere Ebene zu erschließen. Sie besteht in der Arbeit am Sinn, in die die Liebe zur Weisheit einfließt, in der Sinnfragen gestellt werden und ein Sinn, nicht zuletzt mit den

Methoden der Begriffsanalyse, gesetzt wird. So begreift die Sinnarbeit den Geist eines Unternehmens. Sie identifiziert, wofür ein Unternehmen existiert und wofür die Mitarbeiter in ihm arbeiten. Und sie schafft eine gemeinsame Basis für den wirtschaftlichen Erfolg des Unternehmens wie für ein zumindest kluges, manchmal vielleicht sogar weises Organisationsverhalten.

Delivering Happiness – Der höhere Sinn des amerikanischen Schuhversenders Zappos.

Die Idee zu Zappos stammt eigentlich von Nick Swinmurn. Im Jahr 1999 stellte er die einfache Rechnung auf: Wenn in Amerika für 40 Milliarden Dollar Schuhe bestellt werden und 5 Prozent davon (damals) auf Katalogbestellungen entfallen, muss hier ein riesiges Potenzial für einen Onlineshop bestehen. Aber stimmte das auch? Würden die Menschen ihre Schuhe online bestellen, ohne sie anprobieren zu können? Statt nun einen riesigen Aufwand zu betreiben und einen Shop in mehrjähriger Arbeit vorzubereiten, mit Businessplänen durchzukalkulieren und mit einer großen Werbekampagne zu launchen, tat Swinmurn etwas ganz anderes. Er ging in den nächstgelegenen Schuhladen, machte Fotos von den Schuhen, stellte sie auf eine provisorisch entwickelte Web-Plattform und bot sie dort zum exakt selben Preis an wie im Geschäft. Bestellte jemand ein Paar Schuhe, kaufte er sie in dem Laden und schickte sie dem Besteller. War das ökonomisch sinnvoll? Nach herkömmlichen Maßstäben vielleicht nicht, denn er zahlte ja bei jedem Paar Schuhe drauf. Langfristig aber schon. Denn so konnte der Zappos-Gründer mit minimalem Aufwand herausfinden, wie der neue Service ankam, was Kunden zu bemängeln hatten, welches Potenzial in der Geschäftsidee steckte und wie man sie weiter austüfteln konnte.

Immerhin konnte Swinmurn auf diese Weise auch einen illustren Finanzier für die Idee begeistern, den frischgebackenen Internet-Millionär Tony Hsieh. Dieser hatte gerade sein Start-up »LinkExchange« für 265 Millionen Dollar an Microsoft verkauft und war nun auf der Suche nach neuen Investitions- und Betätigungsfeldern. Das Bemerkenswerte und für die Zappos-Geschichte Entscheidende daran war, dass Hsieh trotz des großen Erfolgs seiner alten Firma durch sie die schmerzliche Lektion gelernt hatte, dass der ganze Ruhm und das ganze Geld eines erfolgreichen Internet-Start-ups überhaupt nichts bedeuten, wenn man keine wirkliche Beziehung zum angebotenen Produkt, keinen echten Sinn und stattdessen eine leidenschaftslose Kultur im Unternehmen hat. Bei Hsieh ging die Abgrenzung von seiner eigenen Firma sogar so weit, dass er seinen Job bei dem nun von Microsoft übernommenen Link Exchange frühzeitig kündigte, obgleich er damit auf einen hohen Millionenbetrag verzichtete, den er für sein Bleiben in einer relativ kurzen Übergangsperiode bekommen hätte.

Hsieh schwor sich, beim nächsten Unternehmen alles anders zu machen, und das bestimmte fortan seine Suche nach möglichen Ideen und Kandidaten. Er stieß dabei unter anderem auf Zappos und engagierte sich. Die Entwicklung des Unternehmens, die wenig später mit Hsieh als CEO stattfand, erscheint im Nachhinein geradezu folgerichtig. Sie lässt sich nach seiner eigenen Meinung deutlich an der Veränderung der zentralen Markenversprechen ablesen, die man in den zehn Jahren nach Gründung definiert hatte. 1999 ging es noch los mit »Largest Selection of Shoes«, der größten Schuhauswahl im Markt, also etwas sehr Rationalem, Absenderorientiertem. 2003 veränderte sich dann schon langsam die Perspektive durch »Customer Service«, der stärkeren Betonung des Kundenservice. Im Jahr 2005 ging es noch einen Schritt weiter vom Produktangebot und dem Serviceangebot zu einem Kulturangebot mit »Culture and Core Values as Our Platform« (Kultur und Kernwerte als unsere Plattform). 2007 wurden Produkt, Service und Kultur dann zur »Personal Emotional Connection« (persönliche emotionale Verbindung) verschmolzen. Seinen wirklichen und bis heute überdauernden Kern, seine Philosophie, seinen Geist fand das Unternehmen aber erst 2009 mit dem Motto »Delivering Happiness« (Freude liefern). Dieser Wahlspruch definierte sehr klar, worin der Sinn von Zappos bestand, wofür die Mitarbeiter jeden Tag zur Arbeit kamen und was die Kunden vom Unternehmen erwarten durften. Seitdem ist er der ultimative innere Kompass des Unternehmens, der zwar schon vorher irgendwie das Handeln bestimmte, aber nie in solch einfacher und klarer Weise ausgesprochen wurde.

Im gleichen Fahrwasser wie diese Evolution von der nüchternen Produkt- und Serviceseite über Emotionen und Kultur hin zu einem höheren Sinn interpretiert Tony Hsieh auch sein eigenes Leben. Während es ihm seit seiner frühesten Jugend immer darum ging, Geld zu verdienen und Profite zu machen, setzte er nach der LinkExchange-Erfahrung viel mehr darauf, eine Leidenschaft zu finden und sie mit anderen zu teilen. Erst mit der Zeit wurde ihm klar, dass daraus auch die Möglichkeit erwachsen kann, sich als Teil von etwas Großem zu fühlen und Sinn zu stiften. Diese drei Stufen begegneten Hsieh nicht nur im Unternehmen und in seinem eigenen Leben, er fand sie auch in unterschiedlichen Theorien wieder, mit denen er sich über die Jahre beschäftigte.

In allen drei für ihn zentralen und handlungsleitenden Theorien finden sich dabei im Prinzip die dargestellten Anreiztypen Profit (Nutzen), Passion (Lust) und Purpose (Sinn) wieder. Die erste der drei Theorien ist, wie schon erwähnt, die Positive Psychologie von Martin Seligman. Die zweite Theorie von Logan/King/Fisher-Wright heißt »Tribal Leadership« und erklärt, wie man Gruppen von einer Antihaltung zu gemeinsamer Begeisterung führen kann. Und die dritte Theorie ist die in *Good to Great* von Jim Collins dargestellte Entwicklungsmöglichkeit von einem normalen zu einem exzeptionellen Unternehmen.

In einer breitangelegten Studie erfasste Collins die Grundkriterien der von ihm so genannten »Take-off-Unternehmen«, der außerordentlich erfolgreichen Firmen, und kam zu dem Ergebnis, dass diese sich grundsätzlich wie ein Igel an die Verhaltensweise halten, die sie perfekt beherrschen: »Die Take-off-Unternehmen konzentrieren sich auf die Geschäftsbereiche, die ihre Leidenschaft entfachten. Die Idee dahinter ist nicht, Begeisterung zu generieren, sondern das zu tun, wofür bereits Begeisterung vorhanden ist.« Nach Collins sind exzeptionelle Unternehmen dadurch gekennzeichnet, dass sie im Schnittpunkt von drei Fragekreisen agieren, die wiederum in etwa den Anreiztypen Lust, Nutzen und Sinn entsprechen. Der erste Kreis wird durch die Frage definiert: »Worin können wir die Besten sein?« (Ich habe das Gefühl, dazu geboren zu sein.), der zweite durch die Frage: »Was ist unser wirtschaftlicher Motor?« (Und ich kriege auch noch Geld dafür.) und der dritte Kreis durch die Frage: »Was ist unsere wahre Passion?« (Ich freue mich jeden Morgen auf meine Arbeit. Ich glaube an das, was ich tue.).

Zappos hat für sich als Schnittpunkt der drei Kreise die Lieferung von Freude, Spaß und Glück erkoren. Um diesen Nukleus baut das Unternehmen seitdem eine sehr eigene Unternehmenskultur auf, die Mitarbeiter wie Kunden einbezieht. Dabei sieht sich Zappos sogar als eine weltweite Bewegung, die durch jeden einzelnen Beteiligten aufgeladen wird und auf diese Weise die Welt zu einem glücklicheren Ort machen kann und machen soll. Die Begründung für die Glücksphilosophie ist bestechend und wird in Zappos-Büchern, durch die Website, durch unternehmensinterne Happiness-Workshops und Kurse sowie durch eine eigene Unternehmenskulturberatung verbreitet. »Delivering Happiness« müsse ganz einfach deshalb das Mantra und Markenversprechen sein, erklärt Zappos, weil Glück und Freude in so vielen Hinsichten die Welt zum Positiven veränderten und es sich deshalb unbedingt lohne, sie zu verbreiten: Happiness reduziert Stress, verbessert die Gesundheit, hilft, Erfolg völlig neu zu definieren, Happiness stiftet Sinn und verändert das Leben.

Und da man natürlich kein Glück verbreiten kann, wenn man es nicht selbst spürt, hat Zappos zunächst einmal den Spaß der eigenen Mitarbeiter an die oberste Stelle der Unternehmensprioritäten gesetzt. So schreibt die *Süddeutsche Zeitung*: »Die inzwischen mehr als 1500 Mitarbeiter sollen jeden Tag gern ins Büro kommen. Sie haben enorme Freiheiten: Wer will, kann im Schlafanzug kommen, niemand soll sich verstellen müssen. Es gibt ständig Kostümpartys und die Leute sollen ihre Schreibtische individuell dekorieren. Vor kurzem hat Hsieh fast alle Titel und Hierarchien abgeschafft, Entscheidungen sollen nach Möglichkeit von der Gruppe getroffen werden. Sein Schreibtisch ist winzig und vollgeladen – und er steht mitten im Großraumbüro.« Tatsächlich ist die Zappos-Kultur in Amerika so stark im Gespräch, dass jeden Tag für Besucher aus aller Herren Länder Führungen durch die Büroräume der Zentrale in Las Vegas veranstaltet werden.

Was man hier zu sehen bekommt, ist ein anarchistisch-buntes Organisationsleben. Man begegnet singenden und tanzenden Mitarbeitern, riesigen aufgeblasenen Plastikkrokodilen oder Plüschhamstern, dschungelartigen Anpflanzungen im Großraumbüro, witzerzählenden Maniacs und vielen, vielen bunten Bildern, Fotos und Illustrationen überall. Für deutsche Besucher mag das Bild, das Zappos bietet, befremdlich wirken, aber verschiedenen Studien zufolge sind die Mitarbeiter hier tatsächlich mit die glücklichsten in ganz Amerika. Sie wissen, wofür sie arbeiten. Und leben ihre Philosophie.

Um dahin zu kommen und um das Erreichte zu halten, haben sich die Leute bei Zappos eine Menge an Maßnahmen ausgedacht, die die Delivering-Happiness-Kultur in alle Bereiche und auf alle Touchpoints bringt. So kann sich jeder Newbie, der bei Zappos die mehrwöchige Einführung mitgemacht hat, entscheiden, ob er tatsächlich im Unternehmen bleiben oder doch lieber die 2000 Dollar nehmen will, die ihm das Unternehmen bietet, wenn er weiterziehen möchte. Die Botschaft dahinter ist klar: Wir bei

Zappos wollen nur Mitarbeiter, die wirklich überzeugt sind und wirklich bei uns arbeiten wollen. Als weitere Maßnahme hat Zappos große Gehaltssprünge alle 18 bis 24 Monate ersetzt durch viele kleine. So kann jeder Mitarbeiter seine Fortschritte besser erleben und sich sehr viel öfter über mehr Geld freuen. Darüber hinaus gibt es ein Set von 20 Lernmodulen, die man nach eigenem Gusto und im eigenen Lerntempo besuchen kann und die ebenfalls mehr Verdienst bedeuten. Die Botschaft: Wer initiativ ist und sich weiterentwickelt, wird dafür belohnt. Die Entscheidung über Umfang, Art und Tempo trifft jeder für sich selbst.

In den Callcentern von Zappos gibt es keinerlei der sonst üblichen vorstrukturierten Interviews oder Leitfäden, an die man sich halten muss, um keine Fehler im Umgang mit den Anrufern zu machen. Die Mitarbeiter sollen am Telefon möglichst frei mit den Kunden sprechen, auf deren Wünsche eingehen und sich so mit ihnen unterhalten, wie sie das vielleicht auch mit ihren Nachbarn tun würden. Die Gespräche müssen nicht knapp und effizient gestaltet werden, sondern so, dass die Kunden sich perfekt bedient fühlen. Es kommt dann schon mal vor, dass ein Kunde, der sich verwählt hat und eigentlich eine Pizza bestellen wollte, diese vom Zappos-Mitarbeiter organisiert bekommt.

Es gibt viele TV-Sendungen, Radiosender und Zeitschriften, die mit verrückten Fragen und Wünschen die Mitarbeiter im Callcenter getestet haben. Herausgekommen sind teils äußerst lustige Telefonate und bislang ein durchweg positives Ergebnis für das Unternehmen. Der Rekord für das längste Kundengespräch am Telefon beträgt zehn Stunden und 29 Minuten und hat Zappos mehr Aufmerksamkeit eingebracht als der beste Werbespot. Einen solchen wird es allerdings auch nie geben, da Zappos seinen gesamten Marketingetat in den Kundenservice und in die Unternehmenskultur steckt. Das Kalkül ist, dass man so zu wertvollen Empfehlungen und wertvollen Stammkunden kommt und es obendrein deutlich mehr hilft, Freude zu verbreiten als Werbespots zu schalten. Insofern sind auch die immensen Ausgaben für die kostenlose Rücksendemöglichkeit bis zu einem Jahr nach Warenkauf (!) und die zahlreichen kostenlosen Liefer-Upgrades die beste Werbung für Zappos. Denn letztlich entsprechen sie perfekt dem Delivering-Happiness-Anspruch und tragen diesen sehr effektiv in alle Welt. Ebenso das jährlich erscheinende, von den Mitarbeitern erschaffene Kulturbuch, bei dem jeder zu Wort kommt, der etwas über Zappos und seine Kultur zu sagen, zu erzählen oder zu berichten weiß.

In den Vereinigten Staaten ist Zappos Kult. Jedes Jahr gehört das Unternehmen zu den Top 10 der beliebtesten Arbeitgeber in Amerika. Und das obwohl es mit etwa 2 Milliarden Dollar Umsatz eher zu den mittelständischen Firmen zählt und als Schuhversender sicherlich auch nicht die spektakulärste Arbeitsmöglichkeit anbietet. Ein Großteil der Mitarbeiter arbeitet hier im Callcenter. Die hohen Ranking-Plätze machen aber deutlich, dass Tony Hsieh die richtigen Lehren aus seiner LinkExchange-Erfahrung gezogen hat.

Mit der starken Sinnstiftungsfunktion im Zentrum und der außergewöhnlichen Kultur bei Zappos ist es ihm gelungen, etwas zu schaffen, mit dem sich die Mitarbeiter sehr gut identifizieren können und das ihnen – ganz nach seiner eigenen Philosophie – die Möglichkeit gibt, sich als Teil von etwas Großem zu fühlen, ohne dass sie dabei auf Geld beziehungsweise Profite und ihre Leidenschaften verzichten müssten. Ganz im Gegenteil: Alle drei Aspekte bedingen einander und schaffen eine Kultur, der die Mitarbeiter in Form von zehn Kernwerten eine Art Manifestation gegeben haben. Zwar wurden auch diese Werte in einem langen partizipativen Prozess generiert, doch weichen sie in Duktus, Inhalt und Tonalität deutlich von den klassischen »Big Five« der üblichen Unternehmensphilosophien ab, ohne dabei gänzlich auf deren Ansprüche zu verzichten. Allein das gibt jedem Beteiligten den Eindruck, dass Zappos anders und einzigartig ist. Insbesondere Punkt 3 »Create Fun and a little Weirdness« hat es der Zappos-Mannschaft angetan. Das leicht Verrückte ist vielleicht sogar der wichtigste Bestandteil, um die Mission, den Geist der »Delivering Happiness« so leben zu können, wie es die Gesamtheit der zehn Core Values auszudrücken versucht:

1. Liefere WOW durch Service.
2. Umarme und treibe den Wandel.
3. Erzeuge Spaß und ein bisschen Verrücktheit.
4. Sei abenteuerlustig, kreativ und open minded.
5. Strebe nach Wachstum und Lerneffekten.
6. Baue durch Kommunikation offene und ehrliche Beziehungen auf.

7. Erzeuge einen positiven Team- und Familien-Spirit.
8. Schaffe mehr mit weniger.
9. Sei leidenschaftlich und bestimmt.
10. Bleibe auf dem Boden.

3. Wofür arbeiten wir eigentlich?

Arbeit ist wie ein leichter Schnupfen. Dieses Gefühl bekommt man zumindest vermittelt, wenn man mit Mitarbeitern und Führungskräften von Unternehmen spricht. Viele von ihnen fühlen sich heute überfordert, arbeiten nur ab, was ihnen an Anforderungen aufgetragen wird, denken schon heute daran, welchen anderen Job sie morgen machen könnten. Wenn man fragt, wofür sie arbeiten, reagieren die meisten Protagonisten mit einem erstaunten Gesicht und nur wenige mit überzeugten Antworten. Man macht halt seine Arbeit, bekommt dafür sein Geld, freut sich manchmal über nette Kollegen und Vorgesetzte – und das war es dann. Man plant seine Karriere, erfüllt vorgegebene Ziele und zählt auf die Freizeit als Ort und Hort der Selbstverwirklichung und Möglichkeit, innere Lebensbilder auszuleben. Manch einer kündigt auch zwischendurch, legt ein Sabbatical ein, geht mal ins Kloster oder unterstützt eine gemeinnützige Organisation. Was bleibt, ist die Unzufriedenheit, oder besser gesagt: die fehlende Identifikation mit dem, was man tut, und mit dem Unternehmen, für das man arbeitet. Arbeit ist wie ein leichter Schnupfen.

Das Gallup Institut veröffentlicht jedes Jahr den sogenannten Engagement Index, eine von vielen repräsentativen Studien, die sich mit der emotionalen Bindung der Mitarbeiter in deutschen Unternehmen beschäftigen. Neben den vielen internen Mitarbeiterbefragungen liefert diese Studie viele Hinweise dafür, wie stark die Unternehmen als Erfülltheitsgehilfen für das eigene Leben der Mitarbeiter taugen. Das Ergebnis ist ernüchternd: Sie leisten in dieser Hinsicht wenig. Denn von

Jahr zu Jahr liegt der Wert der Mitarbeiter, die nur Dienst nach Vorschrift machen, bei zwei Dritteln aller Beschäftigten. Der Anteil der Mitarbeiter, die schon lange die innere Kündigung vollzogen haben, liegt immer bei rund 20 Prozent und nur etwa 15 Prozent der Befragten sind als »stark engagiert« zu bezeichnen. Nur 15 Prozent der Mitarbeiter in deutschen Unternehmen identifizieren sich also mit dem, was sie tun. Nur 15 Prozent mögen oder lieben ihre Arbeit wirklich. Der Rest wurschtelt vor sich hin und nutzt eine der größten Zeitspannen des Lebens nicht, um sie mit Tätigkeiten zu füllen, die ihn glücklich und erfüllt machen. Das ist schon erstaunlich. Einmal im Hinblick auf die Mitarbeiter, fragt man sich doch, warum sie Abstand nehmen von dem, was sie eigentlich gern tun würden, um dafür etwas zu tun, von dem sie glauben, dass sie es tun müssen – und das tagein, tagaus, Jahr für Jahr. Die Ergebnisse sind aber ebenso erstaunlich im Hinblick auf die Unternehmen, denn die negativen Zahlen für die emotionale Bindung ihrer Mitarbeiter korrelieren natürlich ganz stark mit Zahlen, die für Erfolg oder Nichterfolg der Unternehmen konstitutiv sind: Mitarbeiter mit geringer Identifikation und also einem geringen Engagement-Index-Wert weisen deutlich mehr Fehltage auf, haben geringere Produktivitätsraten und Loyalitätswerte und können auch sonst kaum als die großen, kreativen Antreiber des Geschäftes gelten.

Nun werden die erstaunlichen Ergebnisse des Engagement Index gewöhnlich mit den deutlich gestiegenen Arbeitsanforderungen, der enormen Arbeitszeitverdichtung und der lange Zeit drohenden Arbeitslosigkeit erklärt. Durch die Globalisierung, den erhöhten Wettbewerb und die daraus resultierende Preis/Produktivitäts-Spirale müssen immer weniger Menschen immer mehr zu immer geringeren Kosten herstellen. Oder sie müssen in immer kürzeren Zeiten immer innovativere, wettbewerbsüberbietende Angebote entwickeln. Oder sie müssen immer komplexere, immer überzeugendere Serviceleistungen für immer anspruchsvollere Kunden schaffen. Egal wie, immer sind die Unternehmen und ihre Mitarbeiter in einem Wettlauf verfangen, der allen alles abverlangt. Wenn das Hamsterrad erst einmal angefangen hat, sich zu drehen, wird es immer schwerer, aus ihm auszusteigen. Also läuft *es* und läuft *man* immer weiter, auch wenn einem die innere Überzeugung zwischendurch abhanden gekommen ist. So entsteht zwangsläufig ein Gefühl der Fremdbestimmtheit, des Wesensverlustes und der massiven Überforderung. Was folgt, sind Indikationen, die einem noch deutlich stärker zu denken geben als der jährliche Engagement Index. Als Erstes zu nennen ist vor allem der dramatische Anstieg depressiver Persönlichkeitsstörungen, womit keineswegs nur das verbreitete Burnout-Syndrom gemeint ist. Die Probleme reichen von Antriebsschwäche über das Gefühl innerer Leere oder Minderwertigkeitsgefühle bis hin zur inzwischen nahezu omnipräsenten Angst, den Anschluss zu verpassen. Da stellt sich schon die Frage, ob diese Entwicklung unaufhaltbar und unumkehrbar sein muss. Was läuft hier eigentlich falsch? Ist der Dienst nach Vorschrift bis hin zur inneren Kündigung eine notwendige Folge von Wohlstand und Wachstum? Ist die Suspendierung der Wofür-Frage zwingend, damit die Erfolgsmaschine immer weiter läuft? Oder ist es heute ganz im Gegenteil sogar entscheidend, diese Fragen zu stellen, damit der Erfolg in Zukunft nicht plötzlich ausbleibt – für die Unternehmen, für die Mitarbeiter, für die Gesellschaft?

Erste Antwort: Unternehmen und ihre Mitarbeiter stellen sich heute die Wofür-Frage immer seltener und begnügen sich mit den »Big Five« der Leitbildkultur, weil die Antwort auf die Wofür-Frage in der Zweckerfüllung liegt, für sie vorgegeben ist, weil sie feststeht und eine Alternative jede Erfolgsaussicht in Zweifel ziehen könnte – und diese Antwort ist: äußerer Druck. Man tut eben das, was der Markt verlangt, was die Situation gebietet, was die Zeit erzwingt. Da heißt es: There is no alternative. Oder: Wer nicht mit der Zeit geht, geht mit der Zeit. Es muss getan werden, was getan werden muss. Der Druck ist da. Und wo er das nicht mehr ist, da ist nach kurzer Zeit nur noch nichts.

Der äußere Druck ist einerseits der größte und immer weiter wachsende Antreiber des kapitalistischen Wirtschaftssystems, andererseits ist er das schwere und scharfe Damokles-Schwert, das vielen Menschen und Unternehmen zunehmend die Luft zum Atmen nimmt und sie in die Haltung des vorauseilenden Gehorsams manövriert. Der äußere Druck unterminiert jedes innere Anliegen und desavouiert es als idealistische Spinnerei und verträumtes Überzeugungstätertum. Der äußere Druck ist das grundlegende Problem unserer Zeit, da er zwar den Wohlstand fördert, aber das Wohlergehen bremst. Er ist zwar wichtig und richtig, um voranzukommen, und deshalb aus der Wirtschaft wie aus dem Leben nicht wegzudenken. Doch führt ein Zuviel an äußerem Druck zu Seelenlosigkeit bis hin zu Apathie. Aus diesem Grund braucht der äußere Druck dringend einen Gegenpol, ein Korrektiv, das ihn begrenzt, das ihn in Schach hält und seine Wirkmacht nicht unkontrollierbar wüten lässt.

Der frühere Vorstandschef der Lufthansa hielt mit seiner Haltung, dass »die Zitrone nie ganz ausgepresst ist« und es immer möglich ist, noch mehr rauszuholen, nie hinterm Berg. Christoph Franz, der nur drei Jahre in dieser Funktion bei der Lufthansa war, erwies sich als Apologet des rein zweckorientierten Verhaltenstypus: Kosten sparen, Strukturen verschlanken, Effizienz steigern, um nicht im zunehmend härter umkämpften Airline-Wettbewerb unterzugehen. Doch wofür das Ganze in einem höheren Sinne? Diese Frage wurde nie gestellt, musste also offen bleiben. Auch hier gab allein der äußere Druck den Weg vor. Das Problem für die Mitarbeiter: Das Pflichtenheft regierte die Reise, Freude und Begeisterung blieben leider zunehmend auf der Strecke. Früher nannte man das daraus resultierende Arbeitsmuster auch Maloche, im Fachjargon wird es heute »aversive Tätigkeit« genannt, ein zweckzentriertes Vorgehen, das niemals in Gefahr gerät, als vergnügungssteuerpflichtig eingestuft zu werden.

Bei diesem Arbeitsmuster des äußeren Drucks herrscht der Anreiztyp Nutzen vor. Man fügt sich den Vorgaben des Vorgesetzten, weil man einen errechenbaren Nutzen für sich damit verbindet. Dafür stellt man die eigene Lust und die eigenen Sehnsüchte zurück, denn für den ausgerechneten Nutzen ist es wichtiger, das Soll zu erfüllen. Dieses Zurückstellen und Unterdrücken der eigenen Anliegen erzeugt gleichzeitig den Wunsch, diese an anderer Stelle und zu einer anderen Zeit ausleben zu können: So hofft man auf die Freizeit, die Rente oder eine irgendwie erreichbare finanzielle Unabhängigkeit. Wenn ich erst einmal »frei« von diesem Zwang bin, brauche ich nicht mehr das zu machen, was ich machen muss, sondern kann endlich tun, was ich tun will. So stellt sich die Frage nach dem Wofür nicht wirklich, Arbeit bleibt etwas rein Äußerliches: Man arbeitet, um irgendwann nicht mehr arbeiten zu müssen. Von einem inneren Sinn der Arbeit kann keine Rede sein.

Seinen Ursprung hat dieses zweckorientierte Muster von Arbeit in der aufkommenden Industrialisierung. Der deutsche Denker Georg Friedrich Wilhelm Hegel hat dies zu Beginn des 19. Jahrhunderts in einem der Schlüsseltexte der Philosophie dargelegt, im Herr-und-Knecht-Kapitel der *Phänomenologie des Geistes*: Während zur Zeit der agrarisch-handwerklichen Produktion das Handwerksstück noch als Teil des Eigenen wahrgenommen werden konnte, weil der Produzent sich in seinem Produkt seiner selbst bewusst wurde, es in gewisser Weise als Ausdruck seiner selbst wahrnehmen konnte, wurde das Arbeitsergebnis durch die Mechanisierung der Arbeit und die neuen wirtschaftlichen Strukturen immer mehr vom erarbeitenden eigentlichen Produzenten losgelöst. Zuvor war das von mir gedrechselte Tischbein ein Teil von mir, während es danach zu einem Produkt eines unpersönlichen Prozesses wurde. Durch diese Loslösung wurden die neuen Industriearbeiter einerseits zunehmend zur flexiblen, frei einsetzbaren Spielmasse für das Unternehmen/den Unternehmer, andererseits trat für den Arbeiter eine neuartige Entfremdung von seiner Arbeit ein. Für ihn ging es nicht mehr primär darum, das herzustellende Produkt als sein persönliches Werk zu sehen, sondern immer mehr darum, einem festgelegten Prozessablauf zu folgen, um in gleichbleibender Qualität möglichst viel in einer vorgegebenen Zeit zu produzieren. Dabei galt: Je weniger die Arbeit mit einem selber zu tun hatte, desto anpassungsfähiger und produktiver wurde man im Gesamtkonstrukt des Unternehmens. Von einem selbstständig für sich an seinem Werk Arbeitenden wurde man zu einem Instrument, das im Sinne des Wohlergehens des industriellen Unternehmens und für das Erreichen seiner Wachstumsziele funktionieren musste.

Das hat auch prima funktioniert, denn nur so wurde ein kapitalistisches Wirtschaftssystem ermöglicht, das über mehrere Jahrhunderte ein stetiges Wachstum an Wohlstand und Fortschritt zeitigte.

Insbesondere die Entfremdung der Arbeit als Effekt der industrialisierten Produktionsweise hat aber von Anfang an auch immer wieder Fundamentalkritik auf den Plan gerufen. Und das nicht nur aus der marxistischen Traditionslinie, die ebenfalls auf der kritischen Auseinandersetzung mit der Hegel'schen Philosophie fußt. Auch von Befürwortern des industrialistischen Wirtschaftssystems wurden (und werden) bestimmte immanente Entwicklungen äußerst genau unter die Lupe genommen. Die Sozialphilosophin Rahel Jaeggi hat in einer Zusammenschau der Entfremdung verschiedene dieser Kritikpunkte an der Entwicklung benannt: Zum ersten etwa die Tendenz zur »Verdinglichung,« die mit der Auftrennung von Werk und Werker einhergeht. Statt dass man Subjekt seines Tuns ist, wird man vermehrt ein Objekt des Unternehmens. Man hat den systemischen Zwängen zu folgen und fühlt sich somit als Rädchen im Getriebe. Der Fokus der Aufmerksamkeit wandert eben von der Person als Persönlichkeit hin zur Zahl der Hektar, die sie bewirtschaftet, oder der Anzahl an Schrauben, die sie pro Tag produziert hat. Erich Fromm spricht in diesem Zusammenhang gar von der »Verwandlung des Menschen in ein Ding«. Einher geht damit natürlich zum Zweiten das Gefühl, nicht mehr »Subjekt seiner Handlungen zu sein«, eine reduzierte Beziehung zum Erarbeiteten und damit eine starke Abschwächung der Identifikation des Mitarbeitenden. Man wird bewertet, benotet, anhand der Produktionszahlen und Zielvereinbarungen gemessen und muss sehen, dass man dem allen gerecht wird. Und das war eben nicht nur am Fließband zur Produktion des T-Modells von Ford so, das zieht sich als Arbeitsmuster bis in die heutige Zeit in nahezu jeden Wirtschaftsbereich.

Schon früh konstatierte der Soziologie Georg Simmel, dass mit der Instrumentalisierung und Verdinglichung der Arbeitskräfte eine »Versachlichung« der Arbeit einhergegangen sei. An die Stelle des Aufgehens in einer Tätigkeit tritt das sachliche Abarbeiten des Vorgegebenen mit der Folge einer »Verkehrung der Freiheit in Sinnverlust«. Ähnlich fasste Max Weber die von ihm diagnostizierte »Rationalisierung« mit dem Begriff des »stählernen Gehäuses«, das losgelöst von Inhalten und Sinn in der Hauptsache an der Erhaltung seiner selbst ausgerichtet ist. Die Effizienz- und Rationalisierungsprogramme so mancher Unternehmen lassen die geäußerten Kritikpunkte auch heute noch als zutreffend erscheinen. Allein die Namen dieser Programme nehmen sich wie eine Liste von entbehrungsreichen Unternehmensdiäten aus: mit »Fokus«, »Score« und »Dolores« (Schmerz) wird schon begrifflich klar gemacht, dass hier nicht die Veränderung der Welt im positiven Sinne adressiert ist, sondern eine weitere strukturelle Anpassung, eine Beschäftigung mit sich selbst, um dem äußeren Druck gerecht zu werden. Die Mitarbeiter nennen ein Programm wie »Score« unter sich dann auch eher »Scare« (Angst). Sie fühlen sich durch die Art der Programmgestaltung häufig einfach noch mehr als Verhandlungs- und Bearbeitungsmasse als in ihrem normalen Arbeitsalltag.

Noch radikaler fasste der französische Philosoph Michel Foucault seine Kritik an der Arbeit nach Stechuhr, in hierarchischen Strukturen, mit eindeutig festgelegten Prozessen und umfassenden Bewertungssystemen, konfektionierten Ausbildungsschemata und dezidierten Jobbeschreibungen, indem er die Industrialisierung in eine gesamtgesellschaftliche Entwicklung seit dem 18. Jahrhundert einbezog. Den Übergang zu der von ihm so genannten »Disziplinargesellschaft« zeichnet er dabei am eindrucksvollsten in seinem Buch *Überwachen und Strafen* nach, das die Systematisierung der Strafe durch Gesetzbuch, Gerichtsbarkeit und Gefängnis zu dieser Zeit in den Blick nimmt. »Durch dieses Strafsystem«, schreibt Foucault, »wird der Körper in ein System von Zwang und Beraubung, von Verpflichtungen und Verboten gesteckt.« Dem Dieb wird nicht mehr wie früher die Hand abgeschlagen, er wird nun frühzeitig in einen kontrollierenden Gesamtzusammenhang eingebunden, der ihn jederzeit überwacht, klassifiziert, dressiert, korrigiert und normalisiert. Auf diese Weise wird die Marter zwar von Menschlichkeit abgelöst, aber der Mensch dafür in ein engmaschiges Macht- und Manipulationssystem eingewoben, in ein Machtgeschehen, das nicht nur das Gefängnisleben prägt, sondern das sich genauso durch das Militär, die Medizin, die Schule, den Kolonialismus, die Kleinkinderpflege und eben ganz maßgeblich auch durch die neu entstandene Industrie zieht. Auch im Bereich der Wirtschaft wurde nach Foucault sehr früh ein System von Normen, Dressur und Beschleunigungsdruck etabliert, das in den darauffolgenden Jahrzehnten und Jahrhunderten immer weiter optimiert und verfeinert wurde. Entsprechend bedeutet Industrialisierung für ihn die Disziplinierung des Körpers im Sinne einer Anpassung an die maschinelle Produktion: »Diesem Erfordernis muss die Disziplin gerecht werden: Sie muss eine Maschine konstruieren, die durch genau abgestimmtes Ineinanderfügen ihrer Teilchen ein hohes Maß an Effizienz erreicht.« Und damit das auch funktioniert, wird die Disziplin mit einem flächendeckenden Observations- und Kontrollapparat verbunden, der aufzeigt, wo etwas falsch läuft, es zu Abweichungen von der Norm kommt oder Elemente verbessert werden müssen. Dieses Vorgehen hat sich nach Foucault in den letzten 300 Jahren immer weiter durchgesetzt, ob im Gefängnis oder im modernen Industrieunternehmen, und führt eben zur Disziplinargesellschaft, in der jedes Verhalten von der Macht gebändigt wird, nach unserer Interpretation: vom äußeren Druck.

Die Sehnsucht nach Selbstverwirklichung.

Nun ist die Kritik am zweckorientierten Verhaltenstyp keineswegs neu. Insofern ist es wenig verwunderlich, dass sich über die Jahrhunderte immer wieder Befreiungstendenzen entwickelt haben, die der Instrumentalisierung durch wirtschaftliche Zwecke entgegenwirkten und dem unterdrückten Ausdruckswillen der arbeitenden Bevölkerung mehr Raum verschaffen wollten. Das zu kurz gekommene Selbst begehrt auf und wünscht sich seinen Platz in der Arbeit (und auch im Leben). Neben der Maloche, dem Abarbeiten von To-do-Listen und dem Erfüllen der Job Description muss es doch auch noch etwas anderes geben. Es kann ja nicht sein, dass die einzigen Antworten auf die Frage, wofür man arbeitet, sein können: für das Geld, für die Karriere, für den Status, für die finanzielle Unabhängigkeit, für den Urlaub, für die Rente. Was hier fehlt, ist, na klar, das Selbstzweckhafte, also die Freude, die Leidenschaft, die Lust und die Einbringung einer echten Eigenkomponente, also Anreiztyp II. Schließlich will man auch selber leben und nicht nur irgendwie gelebt werden. Also: Nichts wie raus aus der reinen Fremdbestimmung, aus dem Hamsterrad, aus dem stählernen Gehäuse.

Fast so lang wie die Entwicklung der Industrialisierung ist die Traditionslinie, ihrem Wirkmuster etwas entgegenzustellen, das Selbst und Seele zu ihrem Recht kommen lässt. Seit jeher wird etwa in alle Richtungen mit der inneren Veränderung der Arbeit experimentiert. Konzepte wie Job Enrichment, Job Enlargement, Job Rotation sollen die Arbeit reicher, vielfältiger und spannender machen. Die Einführung der Gruppenarbeit sollte die Monotonie der Fließbandarbeit durchbrechen und dem Arbeiter mehr Eigenverantwortung in seinem Tun zukommen lassen. Wurzelnd in den frühen Reformbewegungen sollten auch die Arbeit und ihre Umfelder wieder menschlicher und organischer gestaltet werden. Neue Arbeitszeitmodelle, die Möglichkeit von Home Offices, die Integration von Kitas in Unternehmen und neue Regelungen zur Mitbestimmung sollten eine höhere Flexibilität und mehr Freiheit in der Gestaltung der Arbeitslast schaffen. Dazu kam die große Welle der Personal- und Führungskräfteentwicklung mit dem neu formulierten Anspruch, jeden Mitarbeiter in seiner individuellen Entwicklung zu fördern und zu fordern, um einerseits seine Produktivität zu stärken, um ihm aber andererseits das Gefühl zu vermitteln, dass es auch um ihn als Person geht und seine Persönlichkeitsentfaltung in einer Art Win-win-Konstellation auf keinen Fall zu kurz kommen soll.

Doch auch Aspekte jenseits der eigentlichen Arbeitsorganisation gerieten im Zusammenhang mit der Kritik an der Instrumentalisierung des subjektiven Selbst ins Blickfeld. Hier werden zum einen von Seiten der Unternehmen verschiedene Möglichkeiten des Ausgleiches zur Arbeit geboten. Dazu zählt zum Beispiel alles, was unter die große

Überschrift »Work-Life-Balance« fällt: Arbeitszeitkonten, Reduzierung der Überstunden, Fitness-, Achtsamkeits- oder Yogakurse als Firmenangebot, ein spezielles Kantinenkonzept, das gemeinsame Abteilungsfrühstück, der Kicker auf dem Flur etc. Und auch Mitarbeiter begannen von sich aus, Möglichkeiten der »Eigen-Zeit« zu finden. Manch einer beginnt nebenher eine Coaching-Ausbildung, ein anderer macht alle paar Jahre ein Sabbatical, manche machen sich selbstständig oder experimentieren mit Lebens-/Arbeitsmodellen, um die richtige Balance von Pflichterfüllung einerseits und dem Leben der eigenen Bedürfnisse andererseits zu erreichen. Einige switchen freiwillig auf Teilzeit-Modelle um oder gehen in Frührente und ein nicht zu unterschätzender Anteil wird zumindest für eine gewisse Zeit einfach zum »Aussteiger«.

Mittlerweile ist es sogar so, dass neben das Diktum, seine Arbeit ordentlich zu machen, ein zweites, diesem entgegenstehendes getreten ist: Verwirkliche dich selbst! Aus der logisch wachsenden Unzufriedenheit am reinen Abarbeiten in einer Gesellschaft, die alles hat und vieles kann, wuchs auch die Sehnsucht, viel mehr das zu tun, was man eigentlich tun will. Die Tätigkeit sollte nicht nur Geld einbringen, sie sollte auch Freude machen. Oder sogar, wie es der Ideologie der 1970er Jahre entsprach, überhaupt keinem Zweck folgen, sondern nur dem jeweiligen Lustempfinden und der Leidenschaft des Tätigen. Statt um den mit Pflicht und Gehorsam assoziierten Begriff der Arbeit ging es hier vielmehr um (freies) Gestalten, um Erfahrungen, stetige Erweiterung des Bewusstseins, der Persönlichkeit, darum, sich frei und ungebunden von äußeren Zwecken ausdrücken zu können. Das Authentische war das Richtige, jeder ein Künstler und irgendwann auch einmal ein Star – sei es auch nur für eine Minute.

Der Wunsch nach mehr Selbst ist in der wirtschaftlichen Entwicklung logisch und menschlich absolut nachvollziehbar, doch ist er keineswegs unproblematisch. Im Gegenteil, viele Kritiker sehen in seiner gegenwärtigen Überspitzung nur eine weitere Form von äußerem Druck, der zu dem bestehenden Druck durch die Zweckorientierung hinzukommt und sich sogar als eigentliche Ursache bestehender Zivilisationskrankheiten von Burnout bis zu Depressionen erweist. War Hegels Herr-und-Knecht-Kapitel ein Schlüsselwerk für die Kritik an der Ablösung der Arbeit von ihrem Werk(er), so stellt das Buch *Das erschöpfte Selbst* von Alain Ehrenberg ein solches für die Kritik an der Selbstzentralität heutiger Lebens- und Arbeitsentwürfe dar. Ehrenberg erkennt im grassierenden Diktat zur Selbstverwirklichung eine »Krankheit der Verantwortlichkeit«. Der Einzelne muss nicht mehr nur den Arbeits-anforderungen folgen, nun ist er auch noch mit der schwierigen Auf-gabe konfrontiert, Regisseur seiner selbst zu sein, alles im Griff zu haben und dabei mit ganzem Herzen seiner Lust und Leidenschaft zu folgen. Alles unter Flow ist low! Und deshalb gilt es, Unternehmer des eigenen Lebens zu sein, die Eigenzeit zu managen, das Ich als Marke zu betrachten und sich auf keinen Fall zu weit den vorgegebenen Strukturen zu beugen. Der hehre Gedanke dieser Befreiungsbewe-gung zieht nach Ehrenberg eine komplette Überforderung durch Au-tonomie nach sich. Als eine der gewichtigsten Ich-Emanzipationsfol-gen entsteht ein grundlegendes Gefühl des Ungenügens, nämlich die »Angst, seinen eigenen Idealen nicht gerecht werden zu können«.

Mit Likes, Followern und Friends wird heute derjenige belohnt, der seinen eigenen Weg geht. Das bringt heute viel mehr Status, als mit »Herr Direktor« angesprochen zu werden, ein Titel, der hauptsäch-lich dem verliehen wurde, der den Gang durch die Bildungsinstanzen weitgehend ohne zu großes Anecken absolviert hatte. Was zählt, ist das Selbst. Und das schlägt sich in Einstellungsgesprächen, Arbeits-erwartungen und Zukunftsvorstellungen nieder. Nicht umsonst gilt die Generation Y, gelten die Millenials als ein Faszinosum, dem mit den herkömmlichen Rekrutierungsmitteln und Bonifizierungsmecha-nismen nicht beizukommen ist. Der Wunsch nach Authentizität greift inzwischen aber auch in den älteren Generationen. Der Druck, sich der Ausbeutung für Unternehmenszwecke zu entziehen und sich da-für selbst viel, viel wichtiger zu nehmen, ist inzwischen flächende-ckend, führt aber nach Ansicht vieler Sozialwissenschaftler und Psy-chologen vor allem dazu, die traditionelle Ausbeutung durch die moderne Variante der freiwilligen Selbstausbeutung zu ersetzen.

Unter entfremdeter Fremdherrschaft sei, so sagt Rahel Jaeggi, die Unterwerfung unter das »eigene Gesetz« geboren worden. Ihr Lehrer Axel Honneth sieht in Figuren wie dem Prosumer oder dem unternehmerischen Selbst Anzeichen für eine Entwicklung, in der die Ansprüche an eine notwendige individuelle Selbstverwirklichung derartig stark geworden sind, dass die innere Zweckbestimmung zunehmend verloren geht. Es geht dann eben nur noch um den unbestimmten Selbstzweck, und das Resultat davon ist letztlich Bestimmungslosigkeit. Die Menschen flippern auf der Suche nach einem erfüllten Leben durch die Optionenflut und werden damit zum Spielball des Momentes. Die Arbeitsstellen, die Familien, die Ideale werden gewechselt, je nachdem, was das Selbst gerade verlangt. Dieses Selbst wird zur Sonne, um die alle Lebensbestandteile kreisen. Der Berliner Denker Byung-Chul Han meint dazu:»Das Ich als Projekt, das sich von äußeren Zwängen und Fremdzwängen befreit zu haben glaubt, unterwirft sich nun inneren Zwängen und Selbstzwängen in Form von Leistungs- und Optimierungswahn.« Alles muss besser werden, ständig und überall, und dafür verantwortlich ist das Ich – eine Mammutaufgabe, die nachgewiesenermaßen nicht unbedingt das Lebensglück in die Höhe schießen lässt.

Denn einerseits schnürt der Selbstoptimierungs- und Selbstverwirklichungswahn das eigene Handeln ähnlich ein wie Foucaults Disziplinargesellschaft. Nur dass die Machtmechanismen nun noch weniger greifbar sind, weil sie scheinbar freiwillig erfolgen. So könnte man in der Nachfolge von Foucaults Machtanalyse inzwischen die Hinwendung zu einer Kontrollgesellschaft erkennen, die, wie Gilles Deleuze es beschreibt, durch Faktizitäten wie die permanente Weiterbildung, die kontinuierliche Kontrolle und die unhintergehbare Rivalität für die permanente Arbeit am Selbst sorgt. So haben die vielen guten Ansätze, der Verdinglichung etwas entgegenzusetzen, zwar durchaus gefruchtet. Niemand muss mehr 80 Stunden die Woche arbeiten, es gibt genügend Urlaubstage, angenehmere Arbeitsbedingungen und oftmals auch interessante Arbeitsinhalte. Doch kann mit der Suche nach Selbstverwirklichung und Spaß an der Arbeit bei weitem noch nicht das Ende der Fahnenstange erreicht sein in Bezug auf das, wofür Menschen arbeiten.

Der Wille zum Sinn

Nehmen wir einmal die schlimmsten Arbeitsbedingungen an, die man sich vorstellen kann, dazu eine Arbeit, die keinem Zweck folgt, außer dem, sein Leben zu sichern. Wie kann es in einer solch trostlosen Situation dennoch gelingen, dem Ganzen etwas Positives abzugewinnen? Wohl eine der eindrucksvollsten Antworten auf diese Frage stellt das millionenfach gelesene Buch des Psychologen Viktor Frankl dar, in dem er seine Zeit im KZ verarbeitet hat. Denn unter all der bestialischen Grausamkeit und unvorstellbaren Unmenschlichkeit gelangte Frankl in dieser Zeit zu einer für ihn entscheidenden Erkenntnis über das menschliche Leben – eine Erkenntnis, die wegweisend für sein eigenes Wirken werden sollte. In einer Situation absoluter Hoffnungslosigkeit, in der Menschen zurückgeworfen waren auf das Existenzielle, den Kern der menschlichen Existenz, der bleibt, wenn alles andere verloren gegangen ist, erkannte Viktor Frankl: Überleben konnten nur »diejenigen, die ausgerichtet waren auf die Zukunft, auf eine Aufgabe, die auf sie wartete, auf einen Sinn, den sie erfüllen wollten«. Wenn man niemand mehr ist und nichts mehr hat, braucht man etwas Großes, an das man glauben kann, etwas, das trotz allem Fantasie freisetzt. Frankl stellte sich in seinen schlimmsten Stunden im KZ vor, wie er eines Tages auf einer Bühne den Menschen von seinen Erfahrungen erzählen und sie zu einer eigenen, Hoffnung machenden Theorie bündeln würde. Das war das, was ihn am Leben hielt. Und das war auch das, was er später in die Tat umsetzte.
In der von ihm so benannten Höhenpsychologie setzt er Selbsttranszendenz als höchsten Wert ein: sich selbst übersteigen und überwinden für eine Sache, die weit größer ist als man selbst. Sich in den Dienst von etwas stellen, sich hingeben und dabei umso mehr man selbst sein gemäß seiner Grundthese: »Im Dienst an einer Sache oder in der Liebe zu einer Person erfüllt der Mensch sich selbst.« Und weiter: »Je mehr

er aufgeht in seiner Aufgabe, je mehr er hingegeben ist an seinen Partner, umso mehr ist er Mensch, umso mehr wird er er selbst. Sich selbst verwirklichen kann er also nur in dem Maße, in dem er sich selbst vergisst, in dem er sich selbst übersieht.« Selbsttranszendenz heißt, dass der Mensch über sich hinausweist, auf etwas, das nicht wieder er selbst ist. Selbsttranszendenz ist das individuelle Ergebnis des sinnerfüllten Handelns und Arbeitens, das dem Anreiztyp III (»Sinn«) folgt.

Sinn aber ist genau das, was bei den beiden behandelten Arbeitsepochen zu kurz kommt. In der Disziplinargesellschaft ist die Wofür-Frage suspendiert, geht es doch schlicht darum, den Anforderungen zu entsprechen und seinen Job möglichst gut zu machen. Im Umschwenken auf mehr Selbstverwirklichung kommt der Anspruch auf Schaffung eines Gegenpols zur Arbeit zum Ausdruck, darauf, dem Selbst mehr Raum in den Tätigkeiten zu geben. Demgegenüber stellen die Absicht und der Wunsch, einem höheren Zweck zu folgen, einen Sinn zu finden, mit dem man sich bei der Arbeit vollkommen identifiziert, noch einmal eine völlig andere Dimension dar. An oder für etwas zu arbeiten, für das es sich wirklich lohnt, auf das man stolz sein kann und das ein Stück weit die Welt verändert, ist durch nichts zu ersetzen. Es ist überhaupt das Einzige, das einen Menschen wirklich erfüllt zu Werke gehen lässt. Dabei ist es völlig gleichgültig, ob es sich hierbei um eine einfache, vielleicht manchmal stupide Arbeit handelt oder um etwas Hochkomplexes, das den ganzen Geist fordert. Arbeit macht Sinn, wenn sie Arbeit an etwas Großem, Bedeutungsvollem ist.

Den kategorialen Unterschied zwischen sinnreduzierter und sinnerfüllter Arbeit macht etwa der Glücksexperte und Mitbegründer der Positiven Psychologie Mihályi Csíkszentmihályi deutlich, indem er seine langjährige Erforschung des Arbeitsthemas anhand eines Beispiels auf den Punkt bringt: »Wir haben z. B. einmal Frauen befragt, die in Kliniken putzten. Wenn sie ihre Arbeit beschreiben sollten, sagten die meisten: ›Ich wasche die Bettpfannen, ich wische den Boden, ich bringen neue Bettwäsche.‹ Aber einige sagten: ›Ich bin dafür da, dass es den Patienten besser geht. Sie fühlen sich besser, wenn der Raum sauber ist und das Bad gut riecht.‹ Diese Frauen hatten jeden Tag das Gefühl, die Menschen glücklich zu machen, und versuchten, das Bestmögliche zu tun. Mit dieser Einstellung konnten sie fast so engagiert sein wie die Chirurgen und genau solche Glücksmomente erleben.« Wenn man das Gefühl hat, der Welt, den Menschen durch sein Tun etwas zu schenken, ist es relativ gleichgültig, ob man »nur« Putzfrau ist, auch dann folgt man dem Anreiztyp »Sinn« und deckt die Zweckerfüllung und die selbstzweckhafte Selbstverwirklichung gleich mit ab – zumeist sogar noch effektiver, als wenn man es ausschließlich auf das eine oder andere abgesehen hätte.

Allerdings führt das sinnerfüllte Arbeiten nicht nur zu einer Erhöhung des Glückspegels, es ist darüber hinaus nach Ansicht vieler Experten eine Grundvoraussetzung, um langfristig besser und stärker als die Konkurrenz zu sein. So fasst zumindest wiederum der amerikanische Management-Guru Jim Collins seine jahrelangen Vergleichsuntersuchungen von normalen und großartigen Unternehmen und Unternehmern zusammen. Bei denjenigen, die auf Dauer mindestens zehnmal so erfolgreich sind wie der Branchendurchschnitt (»10Xer«) erkennt er einen roten Faden, der sich über alle Märkte und alle Zeiten zieht: »Sie sind ungeheuer ambitioniert, aber ihre Ambitionen gelten in erster Linie und vor allen Dingen ihrem Anliegen, ihrem Unternehmen, ihrer Arbeit, nicht ihnen selbst.« Entsprechend ist die Basis ihre Erfolges: »Leidenschaft und Einsatz für eine Sache oder ein Unternehmen, das bedeutender ist als die eigene Person.« Und weiter: »10Xer haben Egos, aber mit ihren Egos verschreiben sie sich ganz und gar ihren Unternehmungen oder höheren Absichten, und nicht der Verherrlichung der eigenen Person.« Damit beschreibt Collins nichts anderes als den Zustand der Selbsttranszendenz.

Sinn kann also Erfolg mit Erfüllung verbinden und so liegt es auf der Hand, dass in ihm die Zukunft der Arbeit und damit ein Wesenskern zukünftiger Unternehmensphilosophien liegen müssen. Es ist eine ganzheitliche Arbeitsauffassung notwendig, die natürlich den Unternehmenszweck nicht aus den Augen verliert, die dazu ein Arbeitsumfeld schafft, das dem Selbst der Arbeitenden genügend Raum gibt, die aber vor allem einen Sinn anbietet, eine Kathedrale, an der alle gemeinsam im Unternehmen arbeiten. Was heute fehlt, ist zumeist dieser dritte Bestandteil. Dieser Umstand ist insofern fatal, als sich die Anforderungen an die Arbeit seit der Industrialisierung deutlich verschoben haben und mit den Mitteln der Disziplinierung kaum noch zu erfüllen sind. Entsprechend fällt die Diagnose aktueller Arbeitsexperten aus: »Arbeit motiviert, wenn sie sinnvoll erscheint und in einer Umgebung stattfindet, die Selbstbestimmtheit und Entfaltung fördert und rasche Rückmeldung gibt. Geisttötende Arbeitsbedingungen wie Sinnentleertheit, Überforderung und Zwang hingegen führen zwar bei rein mechanischen Arbeiten zu kurzzeitigen Zuwächsen in der Leistungsabgabe, sind aber absolute Leistungskiller für jede Form von kognitiver, kreativer und analytischer Leistungsfähigkeit.« (Brandes et al.).

Erfüller oder erfüllt sein – das ist hier die Frage.

Die Zeiten haben sich geändert. Um die besten Mitarbeiter zu bekommen, müssen Unternehmen ihre Arbeitsbedürfnisse erkennen und auch erfüllen. In Zeiten des Fachkräftemangels, des zunehmend heraufkommenden »War for Talents«, der globalisierten Konkurrenz um führende Köpfe reichen ein gutes Gehalt und ein schöner Firmenwagen bei weitem nicht mehr aus, um im Arbeitsmarkt zu reüssieren. In einer Zeit, bei der die nachkommende Generation den Wert von Materiellem nicht mehr als oberste Priorität sieht, der gewachsene Wohlstand kaum mehr neue Bedürfnisse wecken als decken kann und in der eine ganze Generation der mehr oder weniger finanziell Unabhängigen sich schon mit Mitte 40 fragt, ob das jetzt alles gewesen sein soll, rückt plötzlich eine Frage immer mehr ins Zentrum: die Sinnfrage. Wofür arbeiten wir überhaupt?
Wollte man einmal eine Maslow-Pyramide der Arbeitsbedürfnisse aufstellen, sieht man schnell, wo die Entwicklung herkommt. Und wo sie hingeht. Zu Beginn der Industrialisierung war Arbeit für die meisten ein Mittel zur Befriedigung der Defizitbedürfnisse. Hierzu gehören na-

türlich die Grundbedürfnisse wie Essen und Trinken, die Sicherheits-
bedürfnisse und die Sozialbedürfnisse. Die Arbeit sollte einen Menschen ernähren können, ihm die Möglichkeit bieten, ein Dach über
dem Kopf zu haben und eine Familie zu gründen, und ihm das Gefühl geben, halbwegs stabil durchs Leben zu kommen. Die Zeit der Befriedigung der Defizitbedürfnisse ist die Hochzeit der Verdinglichung.
Hier wurde der einzelne Arbeiter und Mitarbeiter wie eben gesehen
immer mehr zum austauschbaren Gut im Massenproduktionsprozess.
Die militärisch-disziplinarische Stechuhrorganisation degradierte
den Arbeitswerker zum reinen Abarbeiter. Auf der nächsten Stufe
ging es dann mit wachsendem Wohlstand zunehmend um Individual-
bedürfnisse: Geld, Karriere, Status und andere Annehmlichkeiten.
Da wurde es dann schon wichtig, welchen Titel man führen, was für
einen Anzug man tragen und wo man Urlaub machen konnte. Doch
blieb die Arbeit deutlich auf diese äußeren Zwecke ausgerichtet, selbst
wenn es wichtiger wurde, auch als Person in seinen Eignungen und
Neigungen gesehen und eingesetzt zu werden.

Nach Maslow müssen die Bedürfnisse der unteren Stufen erst befriedigt sein, damit die nächsthohen Bedürfnisstufen überhaupt relevant
werden, und so ist es fast schon logisch, dass das Bedürfnis zur Selbstverwirklichung in und durch die Arbeit ab einem bestimmten Wohl-
stands- und Statuslevel zunehmend ins Rampenlicht treten musste.
Plötzlich konnte es um freie Entfaltung am Arbeitsplatz gehen, um
mehr Eigenverantwortung und eine Work-Life-Balance, die ein ganz-
heitliches Ausschöpfen dessen, was in einem steckt, ermöglicht. Erst
nachdem wir nun in einer Phase sind, in der wir sowohl unsere positiven wie negativen Erfahrungen mit der Befriedigung dieser Bedürfnisse gemacht haben, stellen wir fest, dass wir immer noch nicht
befriedigt, immer noch nicht zufriedengestellt sind. Die höchste Be-
dürfnisstufe bei Maslow ist in seiner letzten Pyramidenfassung die
Transzendenz oder Selbsttranszendenz, die schon Viktor Frankl als
das höchste menschliche Bedürfnis eingestuft hatte: eine Dimension,
die das Selbst überschreiten und zu einem Element von etwas Bedeutsamem werden lässt.

Entsprechend dieser Hierarchie sind nun auch die unterschiedlichen Strategien einzuschätzen, mit denen Unternehmen Mitarbeiter zu locken und zu binden versuchten. Die Antwort auf die Frage, wofür wir arbeiten, waren zunächst eine regelmäßig gefüllte Lohntüte, annehmbare Arbeitsbedingungen, Arbeitsplatzsicherheit, Tarifverträge, Titel, Karriereaussichten, Firmenwagen, Boni und andere Gratifizierungen. Dann flachere Hierarchien, Arbeitszeitkonten, Firmenanteile, tolle Kantinen, Vorruhestandsregelungen. Jetzt noch mehr: Firmenfitnessprogramme, Coachingprogramme, Wasserspender auf dem Flur, Wellbeing-Manager zum Wohlfühlen, kostenloses Essen, bunt gestaltete Arbeitsplätze, kollaboratives Arbeiten. Ein Blick ins Silicon-Valley, die Vorreiterregion, zeigt, dass es hier zwar auch campusartige Firmenareale mit Swimmingpools und eigene private Krankenversicherungen gibt, dass aber durch den Kampf um die besten Talente schon zusätzlich ein ganz anderes Arbeitsbedürfnis stark angesprochen wird, das in Europa wie im Rest von Amerika in der Pyramide der Arbeitsbedürfnisse noch weitestgehend von untergeordneter Bedeutung ist: die Möglichkeit, ein Stück weit die Welt zu verändern, die Zukunft zu gestalten, dabei zu sein, wenn etwas wirklich Wegweisendes geschieht. Diese Pyramidenspitze wird in unseren Breitengraden noch von Nebenwolken umrankt, während sie in Nordkalifornien bereits im gleißenden Lichtschein der Aufmerksamkeit erstrahlt.

Tatsächlich bildet das Silicon Valley schon heute die gesamte Hierarchie der Arbeitsbedürfnisse ab und ist damit Vorreiter und Wegweiser für alle anderen Weltbereiche des globalen Arbeitsmarktes. Die Entwicklung geht in Richtung Sinn. Denn auch nach Maslow stellt der »Wille zum Sinn« die »primäre Motivation des Menschen« dar, die nach Befriedigung beziehungsweise Nichtbefriedigung niederer Bedürfnisse zwangsläufig das Handeln (und Arbeiten) bestimmt. Der Sinnwille lässt sich dabei »weder auf andere Bedürfnisse zurückführen noch von ihnen herleiten« und wird damit so sicher wie das Amen in der Kirche das Leitmotiv der Arbeitswünsche in den nächsten Jahrzehnten.

Der berühmte Management-Professor Douglas McGregor entwickelte einmal das Gegensatzpaar von Theorie X und Theorie Y. Bei Theorie X geht der Arbeitgeber davon aus, dass seine Mitarbeiter faul und wenig initiativ sind, weshalb sie durch externe Motivation und Sanktion zu führen sind. Theorie Y besagt, dass Mitarbeiter prinzipiell engagiert und ehrgeizig sind und dass man ihnen durch eine entsprechende Gestaltung des Arbeitszusammenhangs nur die Möglichkeit geben muss, ihrem Drang nach Verantwortung und Eigeninitiative nachzugehen. Theorie X fußt eher auf dem Anreiztyp I (»Nutzen«), während Theorie Y eher dem Anreiztyp II (»Lust«) entspricht. Eine Theorie, die X und Y kombiniert und darüber hinaus die Identifikation mit dem großen Ganzen in den Blick nimmt, steht noch aus. Vielleicht wäre das die Theorie XYZ.

Damit wäre auch die Aufgabe gelöst, dem äußeren Druck Herr zu werden und ihn in der Weise eindämmen zu können, dass er einen nicht versklavt und geistig abstumpfen lässt. Auch in diesem Fall offenbart sich einem die Lösung, wenn man immer weiter fragt – um hier am Ende die Frage zu stellen: Wofür arbeitet man eigentlich? So entbirgt sich Stufe für Stufe das, was seit ehedem in uns angelegt ist und Nutzen, Lust und Sinn miteinander in Einklang zu bringen vermag. Denn das einzige Mittel, das dem äußeren Druck Einhalt gebieten kann, ist das, das wir alle in uns tragen: unser inneres Anliegen. Was würden wir tun, wenn wir keinen äußeren Druck verspüren würden? Woran würden wir dann arbeiten? Wofür würden wir uns dann engagieren? Wenn wir frei von äußeren Anforderungen wären, würden wir uns im besten Fall dem widmen, mit dem wir uns voll und ganz identifizieren können. Wir würden uns dem verschreiben, von dem wir glauben, dass wir hiermit der Welt am besten dienen, dass wir hiermit einen echten Beitrag leisten und die Vision einer besseren Zukunft umsetzen. Hierdurch entstünde eine Arbeitsform gegen alle Entfremdung. Statt der üblichen Hergabe an wirtschaftliche Zwecke entstünde die Hingabe an einen Sinn, an eine Lebensaufgabe, an die Möglichkeit, wirklich etwas zu verändern in der Welt. Unternehmen, die einen solchen Sinn setzen, beseelen ihre Arbeitnehmer, denn sie können erfüllt sein von dem, was sie tun, anstatt dass sie nur erfüllen, was man ihnen vorgibt – ob fremdbestimmt oder eigenverantwortlich.

Ein Lebenswerk – Die Unternehmen TESLA und SpaceX.

Das große Erfolgsmodell vieler neuer Geschäftsmodelle heute besteht in einem disruptiven Vorgehen: Man suche sich einen Markt, in dem die Innovationsgeschwindigkeit nahe null liegt, in dem die Marktteilnehmer vollends mit der Verwaltung des Status quo beschäftigt sind, in dem hauptsächlich auf Effizienzgewinne zielende hierarchiegetriebene Unternehmen einen Kampf um die Verschiebung von Marktanteilen betreiben. Disruption heißt hier: die Marktregeln ganz grundsätzlich über den Haufen zu schmeißen, die Digitalisierung zu nutzen, um radikal andere Geschäftsmodelle zu platzieren und durch Sinnstiftung und einen neuen offenen, agilen Kulturweg die besten Mitarbeiter und Talente allesamt zu sich zu holen. Neben Amazon, Google, Facebook, Airbnb oder dem Konferenzanbieter TED gelten vor allem die Unternehmen von Elon Musk als Paradebeispiele für dieses Vorgehen. Google-Gründer Larry Page hat dabei sehr schön auf den Punkt gebracht, was Mitarbeiter massiv zur Musk-Weltraumfirma SpaceX treibt: »Warum sollte jemand in einem Rüstungsunternehmen arbeiten wollen, wenn er stattdessen für jemanden arbeiten kann, der zum Mars will und dafür Himmel und Hölle in Bewegung setzt?«

Im gebürtigen Südafrikaner Musk sehen viele ein inspirierendes Beispiel dafür, etwas Bahnbrechendes zu tun, die Menschheit voranzubringen, Geschichte zu schreiben. Bei dem, was er bewegt, wollen deshalb viele dabei sein und mitgestalten. Man fühlt, dass hier etwas ganz Besonderes geschaffen und erschaffen wird, und weiß deshalb sehr genau, wofür man in den Firmen von Musk eigentlich arbeitet. So hatte Musk von Beginn an immer das ganz Große im Blick und versuchte es stets mit aller Macht zu verwirklichen, gegen alle Widrigkeiten, gegen die Vorstellungen aller anderen. Und da ihm diese Verwirklichung häufig und sehr spektakulär gelang, erzeugt sie enorme Ausstrahlung in den Märkten, eine Welle des Möglichkeitssinns. Mit einer an Ignoranz grenzenden Entschlossenheit baut Musk auf Ideen, die er schon in frühsten Jahren entwickelt hat, und lässt sich davon auch nicht abbringen. Das elektrisiert Mitarbeiter wie Kunden und lädt sie mit einer Energie auf, die wirklich viel mehr möglich macht als das, was zuvor unmöglich erschien. Zum Lebensentwurf von Musk meint der Google-Gründer Page entsprechend: Er

»hat sich überlegt, was er auf dieser Welt tun sollte. Seine Antwort: bessere Autos bauen, sich um die Erderwärmung kümmern und Menschen multiplanetar machen. Das sind wirklich überzeugende Ziele und jetzt hat er Unternehmen, mit denen er sie verfolgt.« Musk hat sich früh sein Lebenswerk erdacht und realisiert dieses nun Baustein für Baustein wie eine große Kathedrale. Und alle bauen mit Begeisterung mit.

Die Mischung aus Disruption gegen den Markt, Sinn für die Welt und neuen Arbeitsweisen scheint aber nicht nur bei Musk, sondern auch bei anderen Unternehmen für Mitarbeiter und Kunden geradezu unwiderstehlich. Das Althergebrachte wird in seiner Logik des äußeren Drucks und der inneren Leere durchschaut und durch etwas konterkariert, das den innersten Beweggrund ins Zentrum setzt und eine evidente Antwort auf die Frage nach dem Wofür liefert. So kann es kaum verwundern, dass nach und nach vom Verlagswesen über die Reiseindustrie, die Autobranche, das Bankenwesen oder den Einzelhandel jeder Wirtschaftsbereich nach und nach durchrevolutioniert und auf den Kopf gestellt wird. Hier haben Unternehmen, die im alten Industriedenken oder auch im Selbstverwirklichungsparadigma feststecken, auf Dauer keine Chance. Denn sie werden in Konkurrenz mit den digitalen Visionären und Statusverneinern unattraktiv für Bewerber, Kunden, Mitarbeiter und die Öffentlichkeit, die allesamt allenfalls fasziniert zuschauen, wie eine Titanic nach der anderen Richtung Grund abtaucht: ob Neckermann, Nokia, Karstadt, Motorola, Quelle, Kodak, Hewlett Packard, Blackberry oder, oder, oder.

In seiner Biografie *Wie Elon Musk die Welt verändert* erklärt der Journalist Ashlee Vance das Gegen- und damit Erfolgsrezept von Musks Firmen anhand seines aufsteigenden Raketenunternehmens stellvertretend für eine ganze Reihe von Disruptiven: »SpaceX ist der angesagte, vorausdenkende Arbeitgeber, der die Annehmlichkeiten des Silicon Valley – Joghurt-Eis, Aktienoptionen, schnelle Entscheidungen und flache Hierarchien – in eine lahme Branche gebracht hat.«

Schon wird Elon Musk als der neue Steve Jobs gesehen und tatsächlich gibt es viele Parallelen zwischen den beiden Erneuerern. So hatte auch Musk eine schwierige Kindheit in Südafrika, die ihn zur permanenten Veränderung der Gegenwart anstachelte. Zwar wuchs er wohlsituiert bei seinem Vater, einem Ingenieur, auf. Doch hatten sich seine Eltern früh getrennt, seine Geschwister lebten bei seiner Mutter, er selbst entwickelte sich früh zu einem Bücherwurm und Eigenbrötler, der mehrmals die Schule wechseln musste und zum Teil massiv verprügelt wurde (einmal lag er deshalb eine Woche im Krankenhaus). Musk bezeichnet diese Zeit zwischen seinem Aufwachsen mit einem Vater der Psychospiele und seinem Arbeiten in einem wenig einladenden Schulumfeld selbst als »Nonstop-Terror«. So verlegte er sich schon in dieser Zeit auf das Experimentieren mit Explosivem, mit gebastelten Raketen, Computercodes und Spielen. Die bestehende Welt erschien ihm also sehr früh als etwas, dem man sich nicht allzu sehr anpassen und ausliefern sollte, sondern das es durch etwas anderes, Besseres zu ersetzen galt. Diese Unangepasstheit erklärt auch, dass er, obwohl man ihn schon früh als hochintelligent einstufte, bestenfalls mittelgut in der Schule war: »Ich wollte lieber Videospiele spielen, Software schreiben und Bücher lesen, statt zu versuchen, ein ›A‹ zu bekommen, wenn es keinen Grund dafür gab.«

Als viel entscheidender für seinen späteren Erfolg sehen die Menschen, die sein Leben von Beginn an begleitet haben, ohnehin etwas ganz anderes als seine Intelligenz oder seine Schulleistungen. Von seiner Mutter über die Exfreundin bis hin zu seinen Studienfreunden stellen alle den durchgehenden roten Energiefaden heraus, der für Musk wie ein Kraftfeld zur Durchsetzung des Besonderen wirkte: »Wenn Elon sich in etwas verbeißt, entwickelt er einfach ein ganz anderes Maß an Interesse als andere Menschen. Das ist es, was ihn vom Rest der Menschheit unterscheidet.« Nicht Geld, so betonen alle, war für ihn der Antrieb, sondern der Sinn: »Ohne dass man ihn groß bitten musste, redete er ständig von seinem Wunsch, in seinem Leben etwas Bedeutendes zu tun – etwas Dauerhaftes.« Er konnte sich auf eine Weise konzentrieren, dass er stundenlang überhaupt nicht mitbekam, was um ihn herum geschah, und diese Fähigkeit des Abkoppelns von der Wirklichkeit nutzte er später immer wieder, um dem äußeren Druck zu widerstehen und nur seinem inneren Anliegen zu folgen. Das begann damit, dass er unmittelbar nach der Schule zuerst nach Kanada, danach in die USA übersiedelte. Dort studierte er Wirtschaft und Physik und gründete sofort nach dem Abschluss Zip2 im Silicon Valley, ein Internet-Verzeichnis für alle ansässigen Unternehmen. Ohne Geld und mit einfachen Mitteln, dafür mit viel Gegenwind und großen Rückschlägen bearbeitete er dort den regionalen Markt. Erst nach einem grundlegenden Strategieschwenk in Richtung Unterstützung von Zeitungen bei Kleinanzeigen (»We power the Press«) wurde das Unternehmen überhaupt erfolgreich, sogar so erfolgreich, dass es nach wenigen Jahren an Compaq verkauft werden konnte, Musk die ersten 15 Millionen Dollar einnahm, aus der kleinen WG mit den anderen Zip2-Machern ausziehen und sich endlich noch Disruptiverem widmen konnte.

Durch das neu gewonnene Selbstbewusstsein konnten nun größere Brötchen gebacken werden: Als Erstes gründete er ein Start-up mit dem Namen X.com – eine Art Finanz-Plattform, die die Bankenwelt gehörig durcheinanderwirbeln sollte. Nach der Fusion mit dem etwas später gegründeten Start-up Paypal von Peter Thiel und Max Levchin einige Jahre nach der Gründung gelang dies auch beeindruckend. Musk agierte hier zwar etwas unglücklich als CEO und wurde abgesetzt, profitierte aber später als größter Aktionär dennoch überproportional vom Verkauf von Paypal an eBay für 1,5 Milliarden Dollar. Sein damaliger Mitstreiter Peter Thiel erkennt trotz aller Meinungsverschiedenheiten im Nachhinein ebenfalls die Musk'sche Entschlossenheit als einen entscheidenden Hebel für diesen großen Erfolg: »Die Geschichte hat gezeigt, dass sich Musks Ziele anfangs absurd anhören können, dass er aber fest daran glaubt und sie, wenn er genug Zeit bekommt, meist auch erreicht.«

Die zu backenden Brötchen konnten also abermals größer werden, was Musk dann auch gleich mit Aufsetzen der »Life to Mars-Foundation« unterstrich. Die folgende Gründung SpaceX ging dann mit der disruptiven Mission an den Start, die »Southwest Airlines des Weltraums zu werden«. Sein Ziel war es, mit SpaceX Raketenstarts und Weltraumflüge um ein Vielfaches günstiger und unkomplizierter zu machen, ohne dabei die notwendige Sicherheit zu vernachlässigen. Gegen die sich wenig nach vorn entwickelnde amerikanische Weltraumtechnik und gegen die deutlich günstigeren russischen Anbieter arbeitet SpaceX seitdem mit einem enormen Aufwand und vielen überraschenden Volten an der Verwirklichung seiner Vision, irgendwann einmal den Mars zu besiedeln. Hierzu wurden die besten Talente aufgesogen, die Technologie von Grund auf erneuert und Pleiten mehrmals haarscharf umschifft. Inzwischen hat es das Unternehmen immerhin schon so weit gebracht, dass im Durchschnitt eine SpaceX-Rakete pro Monat in den Orbit startet, um Satelliten für Staaten und Unternehmen sowie Nachschub für Raumstation in den Weltraum zu tragen. Die neuesten Pläne des inzwischen mit vielen Milliarden Dollar bewerteten Unternehmens sehen landefähige Raketen vor, einen bereits im Bau befindlichen Weltraumflughafen in Texas und in wenigen Jahren den Beginn bemannter Raumfahrt.

Der amerikanische Schauspieler Robert Downey jr. besuchte Elon Musk und die SpaceX-Gebäude, um sich für seine Rolle als Tony Stark im Film *Iron Man* inspirieren zu lassen. Was er hier erlebte, hat ihn stark beeindruckt, beeinflusst und erkennen lassen, wie die Arbeit an etwas Großem die Mitarbeiter beseelen kann. So schreibt Vance über den damaligen Besuch:»Für Downey sah die SpaceX-Anlage aus wie ein riesiger exotischer Metallwarenladen. Enthusiastische Mitarbeiter eilten durch die Hallen und fummelten an einer Ansammlung von Maschinen herum. Junge Ingenieure mit weißen Kitteln arbeiteten Hand in Hand mit Fließbandarbeitern im Blaumann und alle zusammen schienen aufrichtig begeistert von dem, was sie tun.« Auch das Bild von Musk, das sich Downey jr. macht, passt zu diesem euphorischen Technologiegewimmel, denn auch für ihn stellt sich Musk als der Typ Mann dar,»der eine Idee gefunden hat, für die er lebt und der er sich ganz verschrieben hat«.

Das gleiche disruptive, sinnstiftende Vorgehen wie bei SpaceX wählte Elon Musk auch für sein Automobilunternehmen TESLA. Mit dem Bewusstsein, dass das letzte erfolgreiche Start-up in Amerika in diesem Bereich 1925 Chrysler war, ging es auch hier darum, eine völlig neue Art von Autos auf eine völlig neue Weise zu entwickeln und hierdurch Geschichte zu schreiben. In einer Branche, in der die größten Fortschritte in einem um 0,01 gesenkten cw-Wert bestanden, war es Zeit für etwas im wahrsten Sinne des Wortes Umwerfendes. Einer der drei ursprünglichen Gründer fasste den Schub, den das Unternehmen durch den Einstieg des Südafrikaners erhielt, zusammen mit den Worten:»Er wollte die Energiegleichung des Landes verändern.« Dabei war die Grundidee zunächst eigentlich nur, zu testen, was herauskommt, wenn man möglichst viele der damals neu entwickelten Lithium-Ionen-Batterien zusammenschaltet. Wie sich dann zeigen sollte, kam die erreichte Antwort einer Revolution der Mobilität gleich!

Doch am Anfang legte man einfach erst einmal mit einer gesunden Portion Grundnaivität los, nach dem Motto:»Eine Reihe von jungen, hungrigen Ingenieuren einstellen und sich um Probleme dann kümmern, wenn sie auftauchen.« Ähnlich wie bei SpaceX wendete man sich nicht an die großen Etablierten, um sich aufzuschlauen, sondern gegen sie – wie hier gegen die Detroiter Platzhirsche – um aus der Abgrenzung Disruptions- energie zu ziehen. Und nachdem auch bei diesem Projekt ein Parcours von Pleiten, Pech und Pannen, die Musk 2008 an den Rande des Ruins führten, nach Jahren endlich überwunden war, kam der wirkliche Durch- bruch des Unternehmens mit seinem Modell S zustande, das e-Mobilität das erste Mal so bequem und unkompliziert machte, dass die erzielten Verkäufe den Entwicklungsaufwand decken konnten. Der Versuch, auch hierbei alles ganz anders zu machen, endete mit einer Sportlimousine mit bis zu sieben Sitzen und einem großen Kofferraum je hinten und vorne, einem e-Motor so groß wie eine Wassermelone zwischen den Hinterrä- dern, der eine Beschleunigungsleistung von 4,2 Sekunden aufweist, und einer Batteriepalette im Boden, die eine Reichweite von 480 Kilometern garantiert und an Tesla-Stationen (mit einem breiten Netz von Super- chargern entlang den US-Highways) kostenlos aufzuladen ist, der besten Sicherheitsbewertung jemals, einer permanenten Internetverbindung, einem 17 Zoll großen Touchpad (noch bevor es iPads gab) und einer Steuerung aller Funktionen über App und mit Software-Uploads zur Fehlerbehebung (nachts und unbemerkt von der Zentrale aus).

Der Nobelpreisträger und DNA-Finder Craig Venter lobt den TESLA über- schwänglich: »Er verändert alles am Verkehrswesen. Es ist ein Computer auf Rädern.« Und es ist wieder Peter Thiel, der den Grund für den Aufbau eines so revolutionären und dabei auch noch erfolgreichen Unternehmens, trotz eines vergleichsweise geringen Budgets, treffend zusammenfasst: »Wenn man ein guter Ingenieur ist und gerne Autos baut, geht man zu TESLA, denn es ist wahrscheinlich das einzige Unternehmen, in dem man interessante neue Sachen machen kann.«

Nachdem TESLA die zuvor schon verkauften Autos überhaupt erst da- durch fertigen konnte, dass man auf den allerletzten Drücker eine riesige Autofabrik mit 5.000 Mitarbeitern in Fremont von GM und Toyata ab- kaufte, baut Musk mittlerweile vor. Die in einigen Jahren erreichbaren Verkaufsziele von TESLA sieht er mit dem Modell X (SUV), dem Modell 3 (Familienauto) und einer Vervielfachung der Absätze in einigen Jahren in der Größenordnung von BMW. Da er schon vor zwei Jahren erkannt hat, dass er, um diese Ziele zu erreichen, enorm viele Batterien braucht, hat er schon jetzt angefangen, sogenannte »Gigafabriken« mit 6500 Mitarbeitern zu deren Herstellung zu bauen, womit er auch in dem Bereich der Akku- und Stromspeicherproduktion schnell zum größten Player aufsteigen könnte.

Nun kann man denken, dass das Vorgehen von Musk durchgehend dem Größenwahn verpflichtet ist. Und laut einem Artikel in der *Süddeutschen Zeitung* kommt Musk den Menschen tatsächlich oft so abgehoben vor, dass er selbst neulich zu diesem Thema twitterte: »Das Gerücht, dass ich nur deshalb ein Raumschiff baue, um zu meinem Heimatplaneten zurückzukehren, ist nicht wahr.«

Allerdings wurde der Mittvierziger in den knapp 20 Jahren seiner geschäftlichen Tätigkeit auch ohne technische Hilfe häufig genug auf den Boden der Tatsachen zurückgeholt. Neben den vielen unternehmerischen Höhenflügen, die das Bild des Unternehmens und seines Gründers heute im Wesentlichen zeichnen, gab es mindestens ebenso zahlreiche und extrem schmerzhafte Bruchlandungen: Raketen, die nach dem Start explodierten, extrem verschobene Launchtermine für fast alle Produkte, sich entflammende TESLA-Modelle, Beinahepleiten bei jedem seiner Unternehmen, private Finanzschwierigkeiten und persönliche Schicksalsschläge machen die andere Seite der Erfolgsgeschichte aus. Mittlerweile besitzt Musk über 12 Milliarden Dollar, neben der an SpaceX und TESLA auch eine Beteiligung an SolarCity und vielen anderen Innovatoren. Und dass er trotz seines fast schon legendären Status noch vor wenigen Jahren vor dem Nichts stand, vermag sich heute kaum jemand mehr vorzustellen.

Elon Musk geht prinzipiell enorme Risiken ein und setzt vieles auf eine Karte. Er hat extreme Ziele, gibt extreme Termine vor und stellt extreme Arbeitsanforderungen. Auf der anderen Seite erhält man in seinen Unternehmen keine Instruktionen, kaum Feedback und keinerlei Akzeptanz von Ausflüchten. Musk wird als wenig empathisch beschrieben, als konfrontativ im Führungsstil, brüsk, hart, aufbrausend und tyrannisch im Auftreten sowie fast autistisch in der Art seiner Zielverfolgung. Und doch wollen alle für ihn arbeiten – eben weil sie hier das Gefühl haben, wirklich etwas bewegen zu können. Eine seiner Führungskräfte sagte dazu: »Seine Vision ist so klar. Er hypnotisiert einen fast. Er schaut einen auf diese verrückte Weise an – und schon denkt man, klar, wir schaffen es auf den Mars.«

4. Wohin entwickeln sich Unternehmen heute?

Wofür wir arbeiten, wofür wir ein Unternehmen aufbauen, wofür wir unsere Kraft einsetzen – diese Themen sind es, die den Kern jeder Unternehmensphilosophie bilden müssen. Daneben beziehungsweise darunter stehen Was- und Wie-Fragen, durch die die Unternehmensphilosophie in die Zeit und ihre spezifischen Anforderungen eingebettet wird. Zu fragen bleibt, ob die vorherrschenden »Big Five« der Leitbilder, Manifeste und Glaubenssätze, die wir dazu ausfindig gemacht haben, über die Zeit Bestand haben, ob sie sich früher einmal ganz anders dargestellt haben und, noch viel wichtiger, welche Gestalt sie zukünftig annehmen werden. Dazu haben wir schon die Entwicklung der Arbeit von der Disziplinargesellschaft über die Arbeitsanreicherung bis hin zum Abschied von der Mittel-Zweck-Maloche zugunsten der erfüllten Arbeit skizziert. Parallel hierzu verläuft entsprechend die Veränderung der Selbstbilder von Unternehmen.

Das Selbstideal der Unternehmen, das sich im Zuge der industriellen Revolution herausbildete, kann man als das einer »Maschine« fassen. Es ging zu dieser Zeit vorwiegend darum, die Abläufe der Organisation an die neu entwickelten Fertigungsmechanismen anzupassen, ja, sie mit diesen zu verschmelzen. Reibungsloses Funktionieren musste gewährleistet sein, damit eine Hand in die andere greifen konnte wie ein Zahnrad ins andere. So wurden Produktionsprozesse zerlegt und im Sinne der Produktivität neu zusammengestellt, Unternehmen wurden nach Funktionen neu gegliedert, die Arbeitsteilung multiplizierte das Ergebnis. Plötzlich wurden viel größere Produktionsmengen möglich in viel kürzerer Zeit zu viel geringeren Kosten. Die Maschine lief und produzierte eine neue bunte Welt des Konsums, in der sich nach und nach jeder mehr leisten konnte und jedem ein besseres Leben ermöglicht wurde. Die permanente Optimierung und Feinabstimmung der Mechanismen wurde zum aufstiegsverheißenden Mantra, die Machbarkeit der Welt zum unumstößlichen Credo. Alles, was möglich war, ging – wenn man nur die perfekte Organisation zur Erfüllung in Anschlag bringen konnte. Die Faszination des Funktionierens verbreitete eine Welle des Aufbruchs, des Fortschritts, des Wohlstands.

Und die Philosophie der Unternehmen hatte entsprechend klare Richtlinien, wie das Selbstideal der Maschine zu erreichen war. Mithilfe von bürokratischen Behördenstrukturen, dem Erfassen, Analysieren und Verbessern aller beteiligten Elemente konnte ein routinemäßiges, effizientes, verlässliches und vorhersagbares Vorgehen garantiert werden. Durch eine festgelegte Aufgabenteilung, eine hierarchische Überwachung, detaillierte Regeln und Vorschriften wurde das Ganze handhabbar und bis ins letzte Detail steuer- und optimierbar. So wie Friedrich der Große seine Soldaten als perfekte Automaten versinnbildlichte und die Vereinheitlichung zur Basis aller Militärführung erklärte, so etablierte Frederick Taylor mit seinem Scientifc Management die gleichen Grundregeln im Bereich der Wirtschaft. Jeder sollte das machen, wofür er in einem maschinenartigen Ganzen vorgesehen war – und nichts anderes. Es war die Zeit der Hochöfen, der Fließbänder, der Schichtarbeit. Es wurde analysiert, dann kalkuliert, dann produziert – immer mehr, immer weiter.

Für alles gab es Maßstäbe und diese lenkten das Verhalten. Charlie Chaplin hat die Ideale des Taylorismus in seinem Film *Modern Times* unvergesslich ins Bild gesetzt. Der Mensch ist darin nur noch als Störfall des Funktionszusammenhangs auszumachen, seine Persönlichkeit wird vom System absorbiert, nur sein Funktionswert ist von echter Bedeutung. Das Fließband läuft unerbittlich und wer nicht mit ihm geht, geht unter. So wie Friedrich der Große seine Soldaten darauf drillte, ihre Offiziere mehr zu fürchten als den Feind – so forderte auch die Maschine den perfekt funktionierenden Mitarbeiter.

Der Organisationstheoretiker Gareth Morgan hat mit seinem Werk *Bilder der Organisation* eine beeindruckende Metaphorologie der Unternehmensselbstbilder geschrieben: das Ideal des Unternehmens als Maschine, als Organismus, als Gehirn – alle Selbstbilder werden von ihm in Ausprägung und Funktion erklärt. So sieht er den Übergang von der industriellen Zeit zum Managementzeitalter des 20. Jahrhunderts als eine direkte Fortführung des Maschinenideals mit anderen Mitteln. Denn auch das Management definiert sich als »Prozess der Planung, Organisation, Ausweisung, Koordination und Kontrolle«, nur dass die systemischen Organisationen inzwischen viel komplexer und vielfältiger geworden sind und ihre Steuerung einen wesentlich effektiveren Apparat benötigt, um erfolgreich zu sein. Das Ziel, der Zweck bleibt jedoch exakt derselbe, denn: »Die gesamte Schubkraft der klassischen Managementtheorie und ihrer modernen Anwendung besteht in der Annahme, dass Organisationen rationale Systeme sein können oder sollten, die so effizient wie möglich funktionieren.« Die Glaubenssätze jener Epoche nehmen sich entsprechend anders aus als die heutigen »Big Five«. Sie könnten nach Morgan etwa gelautet haben: »Bestimme jedes Detail, damit jeder sich über die Aufgaben im Klaren ist, die er zu erfüllen hat«. Oder: »Plane, organisiere und kontrolliere, kontrolliere, kontrolliere.« Oder: »Leiste rationale, effiziente und klare Organisationsarbeit.«

Das Maschinenmodell der Unternehmen trägt also schon den Keim seiner Überwindung in sich – das eben zeigt *Modern Times* auf unnachahmliche Weise. Denn durch die Zerlegung, Vereinheitlichung und bürokratische Strukturierung werden nicht nur die geistigen Potenziale der Menschen ausgehöhlt. Für den Unternehmenserfolg noch relevanter ist die Tatsache, dass in einer maschinenartigen Struktur die Fähigkeit der Mitarbeiter zum spontanen und kreativen Handeln blockiert wird. Im seit mittlerweile über einem halben Jahrhundert stattfindenden und rasant beschleunigten Wandel der Gesellschaften müssen Unternehmen und Konzerne irgendwann als träge »Tanker« in deutliche Anpassungsprobleme geraten. So musste das Maschinenmodell notwendigerweise in eine Krise geraten, denn, so Morgan: »Veränderte Bedingungen erfordern unterschiedliche Handlungsweisen und Reaktionen. Flexibilität und die Fähigkeit zu kreativem Handeln werden somit wichtiger als reine Effizienz.« Und so ergeben sich für wasserkopfartige Strukturgebilde mit einer Armada von Befehlsempfängern logische Fehlfunktionen in der Zukunftsbewältigung, denn: »Wenn zum Beispiel neue Probleme auftreten, werden sie häufig ignoriert, weil keine Reaktionsmuster dafür vorhanden sind.«

So tauchte spätestens in der ausgehenden Nachkriegszeit ein neues Set von Metaphern auf, das ein verändertes Selbstverständnis von Unternehmen forderte und propagierte. Neue Organisationsformen sollten das bürokratische Gefängnis sprengen und einen Dreh zu mehr Eigenverantwortung und Selbstorganisation ermöglichen, um auf diese Weise die Zukunftsfähigkeit der Unternehmen zu gewährleisten. Neue Inhalte der Unternehmensphilosophien wurden etabliert und zuvorderst durch die beiden wirkmächtigen Metaphern des Unternehmens als Organismus und zunehmend auch des Unternehmens als Netzwerk ausgedrückt. Statt einer Ansammlung von Teilen sollte das Organisationsverhalten viel mehr als laufender Prozess betrachtet werden, dessen »Fortleben« nur durch eine ganzheitliche Perspektive gesichert werden kann.

Hinter den beiden Metaphern des Organismus und des Netzwerks stehen dabei drei grundlegende unternehmensphilosophische Prämissen, die sich im Laufe der Jahrzehnte fest in den Unternehmen verankert haben.

Die erste Prämisse ist die der Mitarbeiterzentrierung. Sie erreichte ihren Durchbruch insbesondere durch die Hawthorne-Studie von Elton Mayo, die eine enorme Wirkung der Arbeitsbedingungen auf das Arbeitsergebnis nachwies. Durch sie »entstand eine neue Organisationstheorie, die auf der Vorstellung beruhte, dass Individuen und Gruppen ebenso wie biologische Organismen nur dann effektiv funktionieren können, wenn ihre Bedürfnisse befriedigt werden«. Sie zeigte, dass es für den Unternehmenserfolg nicht wirklich Sinn macht, Mitarbeiter als Teile eines Apparats zu betrachten, als Zahnräder in einer Maschine. Folgerichtig zeigten Maßnahmen wie ein offener, demokratischer, angestelltenzentrierter Führungsstil, eine ständig wechselnde Autoritätsvergabe, ein flexibles Festlegen von Aufgaben oder die Einführung eines permanenten Kommunikationsprozesses sowie die Etablierung der Personal- und Organisationsentwicklung eine große Wirkung auf die Unternehmensgestaltung.

Die zweite Prämisse der Organismus/Netzwerk-Philosophien ist die Kontingenztheorie, die die Erkenntnis, dass Organisationen sich an ihr Umfeld anpassen müssen, ins absolute Zentrum ihrer Verhaltensstrategie rückt: Unternehmen, die sich nicht umweltgerecht wandeln, sterben aus wie die Dinosaurier. Ein Unternehmen, das nicht mit der Zeit geht, geht mit der Zeit. Und die Zeit geht dabei immer schneller, so dass ein langwieriges bürokratisches Planen des Unternehmenswandels immer weniger möglich wird und durch neue organischere Methoden abgelöst werden muss. »Je größer die Unsicherheit, desto schwieriger ist es, durch Vorausplanung eines Ergebnisses eine Handlungsweise zu programmieren und zum Routineablauf zu machen.« Also wurde und wird immer mehr auf die Arbeit in Projekten und Projektteams gesetzt, die sich nach Projektabschluss auflösen und für neue Projekte neu zusammenfinden. Dazu kommen sich selbst organisierende Optimierungsverfahren wie Kaizen, Lean Production (Toyota), Just-in-time-Produktion, Qualitätszirkel, Kanban, 5 Sigma, pluridisziplinäre Teams oder Reengineering. Die vernetzte Organisation steuert sich so weit selbst, dass sie wie ein Organismus spontan auf Umweltveränderungen und neue Erkenntnisse reagieren kann.

Die dritte Prämisse ist die zunehmende Bedeutung der Unternehmenskultur, denn wenn kein allwissender Manager mehr die Steuerungsleistung vollends für sich beanspruchen kann, muss die Orientierungsfunktion des Unternehmens aus ihm selbst heraus erfolgen, und zwar vorzugsweise über die Kultur als Set von Gewohnheiten, informellen Verabredungen und gemeinsamen Verständnismustern. Die Bedeutung dieses nur schwer mechanisch steuerbaren Faktors wurde spätestens mit der Sentenz des Management-Gurus Peter F. Drucker deutlich: »culture eats strategy for breakfast«. Entsprechend groß sind demgemäß die Anstrengungen durch Unternehmens-Events,

Corporate-Identity- und Corporate-Culture-Maßnahmen, Architektur, interne Kommunikationskampagnen, Coaches, Führungskräftetrainings, Arbeitsplatzgestaltung etc., Einfluss auf die Kultur zu nehmen. Allein der Wandel in der Unternehmenssemantik von Begriffen wie Struktur, Funktion, Karriere, Verwaltung, Plan, Zielvorgabe, leitender Angestellter und Untergebener (Maschinen-Metapher) hin zu Begriffen wie Teamleiter, Impulsgeber, Motivation, Coach, Vordenker oder Überwindung des Silo-Denkens (Organismus/Netzwerk-Metapher) gibt hierüber Aufschluss.

Bestens zusammengefasst wurden die aus diesen drei Prämissen resultierenden Bausteine moderner Unternehmensphilosophien durch das epochemachende Werk *Auf der Suche nach Spitzenleistungen* von Thomas Peters und Robert Waterman aus dem Jahr 1983. Aus ihrer Forschung ergaben sich acht der zukunftsentscheidenden Bausteine: das Primat des Handelns, die Nähe zum Kunden, viel Freiraum für Unternehmertum, die Produktivität der Menschen, ein sichtbar gelebtes Wertesystem, der Ausbau der eigenen Stärken, ein einfacher/ flexibler Aufbau und eine straff-lockere Führung. Unternehmen, die es versäumt haben, diese Bausteine in ihr Selbstbild zu integrieren, geraten je nach Branche früher oder später in Dinosauriergefahr – wodurch sich zugleich die Bedeutung der permanenten Arbeit am Selbstbild, am Geist des Unternehmens zeigt. So auch die fazitartige Empfehlung von Gareth Morgan, die darauf anspielt, dass das Nachverfolgen eines Metaphernwechsels von Zeit zu Zeit als essenziell für den Unternehmenserfolg zu bewerten ist, also der Wandel von einem zeitlich überholten Selbstverständnis zu einem zeitgemäßen: »Das Selbstbild einer Organisation ist ausschlaggebend bei der Gestaltung fast jeden Aspekts ihrer Funktionsweise und insbesondere bei ihrer Auswirkung auf das Umfeld. Deshalb sollten Organisationen sehr viel Aufmerksamkeit darauf verwenden, ein angemessenes Identitätsgefühl zu finden und weiterzuentwickeln.«

Die andere Seite des Schachbretts.

Nun stellt sich also die Frage, ob die Selbstbilder der Unternehmen, die durch die Metaphern des Organismus oder heute noch viel mehr durch die des Netzwerks geprägt sind, auch in der Zukunft besonderen Erfolg ermöglichen. Sicherlich, der Netzbegriff passt sich wunderbar in eine Zeit ein, in der die Linienstruktur in den Firmen mehr und mehr einer sich lose verbindenden Projektstrukturierung weicht, begünstigt durch Netzwerktechnologien (Internet, Intranet, Extranet), Social-Media-Formate und Machine-to-Machine-Anwendungen. Allerdings ist schon fraglich, ob der Netzwerkmetapher nicht einige entscheidende Elemente fehlen, um wirklich als uneingeschränkt zukunftstauglich gelten zu können.

So bietet die Netzwerkmetapher erstens keine befriedigende Antwort auf die Frage nach der Sinnstiftung. Denn Netzwerke können sich ebenso gut nur als sinnentleerte Infrastrukturen herausstellen, als Netze ohne Inhalte, die alles mit allem verbinden, aber auf die Frage, wofür sie das tun, keine Antwort parat haben. So offenbart sich zweitens, dass sich Unternehmen oftmals aufgrund des dargestellten Anpassungsprimats darin verfangen, den aktuellsten Entwicklungen manisch hinterherzulaufen. Es geht dann nur noch ums Mithalten und immer weniger ums Selbstgestalten. Die Möglichkeit, in befreiender Art voranzugehen, wird durch die Notwendigkeit des zwanghaften Aufholens verdrängt. Und drittens scheint sich die Entwicklung der Umfeldbedingungen weiterhin derart zu beschleunigen, dass die gegebenen Methoden der Unternehmensentwicklung für eine permanente Anpassung kaum mehr ausreichen. Irgendwann wird der Wandel so schnell, dass man beim Versuch hinterherzulaufen über die eigenen Füße stolpert, der eigene Anspruch auf Aktualität einen zum Scheitern verurteilt. Vor dem Hintergrund dieser neuen Problemstellungen stellen sich für Unternehmen heute also die Fragen: Wie muss sich unser Selbstbild ändern, um den anstehenden Herausforderungen noch gewachsen zu sein? Und welche neue Metapher könnte hierzu als Leitmotiv dienen?

Der amerikanische Vordenker und MIT-Forscher Ray Kurzweil hat zumindest schon einmal einen sehr überzeugenden Vergleich für die bevorstehende Entwicklung gefunden. Er zieht eine Parallele zwischen dem, was an Veränderungskraft durch die Digitalisierung entstanden ist, und der exponentiellen Vervielfältigung von Reiskörnern auf einem Schachbrett, die dem Erfinder des Schachspiels vor Jahrhunderten eine gigantische Belohnung vom damaligen persischen König einbrachte. Als Belohnung für seine Erfindung hatte er dem König den Vorschlag gemacht, auf das erste Feld eines Schachbretts ein Reiskorn zu legen, auf das zweite zwei, auf das dritte vier, auf das vierte acht und so weiter. Der König stimmte sofort begeistert zu, da er sich den Effekt dieser Verdoppelung von Feld zu Feld einfach nicht vorzustellen vermochte. Er hatte das Gefühl, mit dieser läppischen Prämie gut aus dem Handel herauszukommen. Spätestens, als sich herausstellte, dass auf dem vierundsechzigsten Feld die Weltreisernte der nächsten Jahrzehnte zu liegen kam (2^{64} Reiskörner), wurde ihm sein fataler Irrtum klar, und er wurde von der Wucht der exponentiellen Entwicklung völlig überrumpelt. Und so ähnlich geht es heute vielen anlässlich der Prognose der technologischen Entwicklung.

Denn die Pointe des Vergleichs ist nach Kurzweil, dass sich der Fortschritt der Digitalisierung ebenso ausnehmen wird wie die Vermehrung der Reiskörner. Maßgebend ist hierfür das vom Intel-Gründer Gordon Moore 1965 formulierte »Moore'sche Gesetz«, nach dem sich die Rechenleistung von Mikroprozessoren alle zwei Jahre verdoppelt, ohne dass dadurch deren Preis ansteigt. Geht man davon aus, dass das Moore'sches Gesetz so präzise zutrifft wie bisher, dann kann man feststellen, dass wir momentan gerade erst auf der zweiten Hälfte des Schachbretts angekommen sind – und die wirklich radikalen Veränderungen uns erst noch bevorstehen. Demgemäß wäre alles von Smartphones und Big Data bis hin zu selbst fahrenden Autos und dem Internet der Dinge erst der Anfang von etwas, das wir uns ebenso wenig vorstellen können wie der persische König die Vermehrung der Reiskörner. Wenn wir also heute denken, wir leben in einer Welt des nur noch Schnellen, Vielen und Komplexen, so werden wir uns in den nächsten Jahren und Jahrzehnten noch auf eine ganz andere Stufe einstellen müssen.

Für Unternehmen besteht in diesem Bild zunächst einmal ein unglaubliches Bedrohungsszenario. Denn die Marktdynamik hat ja schon in den letzten Jahrzehnten eine völlig neue Dimension angenommen, in der Giganten wie Nokia, Polaroid oder Quelle in wenigen Jahren vom Markt gefegt wurden – nach dem Motto:»Die Welt ist rund und muss sich drehen, was oben war, muss unten stehen.« Umgekehrt sind Newcomer wie Google, Facebook & Co. in null Komma nichts zu marktbeherrschenden Playern geworden. Und wenn man dort nachfragt, wen diese Unternehmen als ihren größten Konkurrenten sehen, antworten sie unisono: Den, der noch nicht da ist. Branche für Branche wird »disruptiv« umgepflügt. Was bleibt, weiß keiner. Was kommt, auch nicht. Die Unsicherheit hat – wie gesagt – gerade erst angefangen, Raum zu fassen. Wohin wird dies alles führen?

Auf der anderen Seite eröffnet die reisschachartige Exponentialität natürlich auch ein Gestaltungsszenario, das es so noch nicht gegeben hat. Wo nichts mehr unmöglich erscheint, wird plötzlich alles denkbar. Google nennt entsprechende Projekte Moonshots und verbietet in seiner Philosophie erreichbare Ziele. Reisen in den Weltraum, die Hochentwicklung der Dritten Welt, die weitere Etablierung einer Sharing Economy, echte künstliche Intelligenz, die Abschaffung des Geldes oder die signifikante Verlängerung des Lebens sind da nur einige Themenkomplexe. Zuletzt wurden schon ganze Häuser innerhalb weniger Tage aus einem 3-D-Drucker produziert. Wohin kann das alles führen?

Um zu verstehen, in welcher Zeit wir uns befinden und wo sie uns hinführen wird, muss klar werden, dass hinter der Globalisierung, Flexibilisierung und Digitalisierung noch ein deutlich längerfristiger Trend steht, der im Prinzip seit Erfindung des Buchdrucks wirkt und der durch die genannten Umbrüche nur zu einer völlig neuen Dimension herangereift ist: und zwar der alles mit sich reißende Trend der Beschleunigung. Dieser ist nach dem Soziologen Hartmut Rosa auf die einfache Formel der »Mengenzunahme pro Zeiteinheit« zu bringen.

Nach seiner Vorstellung findet die Beschleunigung seit mehreren Jahrhunderten mit deutlich zunehmender Tendenz in allen Realitätsbereichen statt. Von der technischen Beschleunigung (Verkehr, Informationen, Energie etc.) über das Lebenstempo (immer mehr in weniger Zeit: Fast Food, Speed Dating, Power Nap, Multitasking etc.) bis hin zu sozialen und kulturellen Umwälzungen (Erlebnisgesellschaft, Massenkultur, Vernetzung etc.). Der Eindruck, der für uns hierdurch entstehen muss, ist der einer »Verflüssigung der Realität«: Alles wird immer schneller, alles ist beständig im Fluss und die Zukunft infolgedessen völlig offen und nicht mehr aus der Vergangenheit oder Gegenwart heraus ableitbar. Zygmunt Bauman gab dieser Entwicklung mit »Liquid Modernity« den passenden Begriff, der natürlich auch im Bereich der Wirtschaft einen fundamentalen Niederschlag findet: in der allgemeinen Vergleichzeitigung, der Just-in-time-Produktion, der Verflüchtigung von Moden, dem Nonstop-Handel, der permanenten Verfügbarkeit von allem, dem zunehmenden Wechselverhalten, der steigenden Volatilität der Bedürfnisse und Märkte, der Austauschbarkeit der Güter und aktuell immer signifikanter der Simultanität etwa der Mediennutzung.

Allerorten herrscht das Diktum maximaler Kurzfristigkeit: »Alles. Immer. Überall. Jetzt. Einfach.« Hieran richten sich die tonangebenden Geschäftsmodelle aus, sei es bei Google, Spotify, Netflix, Direct Banking oder vielen anderen. Und hierdurch wird plötzlich ein Wirtschaftsfaktor entscheidend, der deutlich weniger ins Gewicht fiel, als sich die Entwicklung noch auf den ersten Feldern des Schachbretts bewegte. Durch die sich selbst beschleunigende Beschleunigung rückt plötzlich die Synchronisations- und Koordinationsleistung als Schlüssel wirtschaftlichen Erfolges, gesellschaftlichen Funktionierens sowie auch gelingenden Lebens in den Mittelpunkt unserer Interessen. Wie kriegt man die unterschiedlichen Dinge nur unter einen Hut? Wie schafft man es, nicht den Anschluss zu verpassen? Wie, dass die Entwicklung einen nicht überrollt und man selbst dabei untergeht?

Plötzlich müssen ganz andere Werte in den Unternehmensphilosophien ausschlaggebend werden, um mit der rasanten, radikalen Veränderung umzugehen. Plötzlich geben Begriffe wie Reaktivität (Anpassungsgeschwindigkeit), Flexibilität und vor allem Agilität (Beweglichkeit) die entscheidenden Antworten auf die Richtungsentscheidungen von heute für morgen. Die maschinenartige Disziplinierung, in ihrem Aufbau als funktionierendes Räderwerk, ist heute schon in den meisten Märkten viel zu umständlich, viel zu wenig wandelbar und viel zu träge, um der Verflüssigung der Realität standzuhalten. Bis die Informationen von Problemen oben angekommen sind und ein paar Köpfe heißlaufen, um einen neuen Plan zu entwickeln, der dann wieder von anderen schrittweise in die Umsetzung gebracht werden soll, ist die Entwicklung schon wieder weiter geflossen und hat die Lösungsansätze mit sich weggespült. Durch den stetigen Fundamentalwandel kommt es zu einer maximalen Destabilisierung, der auch durch punktuelle Konzepte wie die Flexibilisierung der Arbeit nicht Herr zu werden ist. Aber auch die organischen und netzwerkartigen Selbstbilder von Unternehmen reichen als Lösungsschlüssel bei weitem nicht aus, sind sie doch sehr einseitig auf Anpassung und die passende Infrastruktur gestützt. Wenn mein einziges Ziel als Unternehmen das Überleben ist und meine Hauptmethode die Anpassung, wird der äußere Druck irgendwann so hoch, dass die innere Leere raumgreifend wird. Zudem ist es fraglich, ob ich dann auf Dauer überhaupt die mentalen und emotionalen Erneuerungsressourcen mobilisieren kann, die ein solch kraftraubendes Unterfangen zwangsläufig mit sich bringt.

Doch worin besteht die Alternative? Was können Unternehmen tun, um dem durch die Beschleunigung wachsenden äußeren Druck etwas entgegenzusetzen? Es kann doch nicht sein, dass Unternehmensführung zukünftig nur noch bedeutet, kontinuierlich neue Brände zu löschen, allem hinterherzurennen, alles mitzumachen und dabei verzweifelt zu versuchen, irgendwie die Kontrolle zu behalten. Umgekehrt wird es vermutlich im wirtschaftlichen Bereich auch nicht von großem Erfolg gekrönt sein, der allgemeinen Sehnsucht nach Entschleunigung zu folgen, auf Nische und Muße umzuschalten und den lieben Gott einen guten Mann sein zu lassen.

Die Facebook-Managerin Sheryl Sandberg hat das Problem vieler Unternehmen (und der Privatleute gleich mit) auf den Punkt gebracht: »Wer sich heute einen Plan für morgen macht, ist morgen vielleicht auf die Möglichkeiten von heute beschränkt.« Die Zeit verrinnt, die Gegenwart schrumpft, die Möglichkeiten der Planbarkeit schwinden. Das, was gestern galt, hat für das, was in der Zukunft zählt, kaum noch Prognosekraft. Die Situation ist immer unübersichtlicher und die Lösung leider nicht in dem zu finden, was gestern noch funktioniert hat. Was also tun?

Für den Einzelnen sieht Hartmut Rosa den Ausweg in der Fähigkeit zur Improvisation. Einerseits sieht er das Gegenwartsproblem des Zwangs, auf dem Laufenden zu bleiben, für jedes Individuum: »Wer sich nicht ständig um Aktualisierung bemüht, wird anachronistisch in seiner Sprache, seiner Kleidung, seinen Adressbüchern, seinem Welt- und Sozialwissen, seinen Fähigkeiten, seiner Freizeitausrüstung, seiner Altersversicherung und Geldanlage etc.« Andererseits sieht er den einzigen Ausweg aus den Folgewirkungen dieses Zwangs aufgrund des beschleunigten Wandels in einem völlig veränderten Verhältnis zur Zeit, das jeder Einzelne für sich finden kann: »Der Spieler überwindet die lineare, verrechnende und verplanende Zeitorientierung der Moderne und ersetzt sie durch eine situationsbezogene und ereignisorientierte Zeitpraxis.«

Ganz grob könnte man sagen, dass man, statt permanent hinterherzulaufen, einfach schon mal losgeht und dann immer wieder beim Gehen entscheidet, was als Nächstes kommen soll. Die Lösung im Umgang mit einer verflüssigten Wirklichkeit ist es, während des Schwimmens schwimmen zu lernen, je nach Ereignisfluss immer wieder anders, immer wieder neu. Rein ins Wasser, und die Probleme eben lösen, wenn sie vor einem auftauchen. Von Problem zu Problem, von Situation zu Situation. Eine andere Chance gibt es nicht. Das ist schon ein ganz gravierender Wandel in der Weltsicht, der Lebensphilosophie, der Vorstellung davon, wie man sich in der Welt zurechtfinden kann. Es gibt kaum noch etwas in der Umwelt, das gleich bleibt, an dem ich mich festhalten kann, das mir Sicherheit gibt. Das Einzige, das mir

Halt geben kann, bin ich selbst, meine Fähigkeit, schwimmen zu lernen und auf immer neue Situationen und Ereignisse angemessen und richtig reagieren zu können.

Die Menschen müssen sich zunehmend darauf einstellen, dass die Agilität das Erfolg versprechende Verhaltensmuster der nächsten Jahre und vor allem Jahrzehnte sein wird. Wer erst einmal einen langwierigen Schwimmkurs braucht und schon vorher genau wissen und planen will, was ihm auf seinem Schwimmweg so alles passieren und wie er dem genau begegnen kann, der wird untergehen, bevor er überhaupt den ersten Schwimmzug getan hat. Denn was ihm dann fehlen wird, ist die Fähigkeit zur Improvisation. Und wenn plötzlich sehr viel Überraschendes und Unerwartetes passiert, wird er größte Schwierigkeiten bekommen, damit umzugehen. Das ist genau das, was wir heute schon bei so vielen Unternehmen beobachten können und was sie händeringend Methoden und Möglichkeiten suchen lässt, besser vorbereitet zu sein. Und genau hier setzen das neue Selbstverständnis und die neue Metapher für Unternehmen an.

Agilität als neues Paradigma.

»Wir erschließen bessere Wege, Software zu entwickeln, indem wir es selbst tun und anderen dabei helfen. Durch diese Tätigkeit haben wir diese Werte schätzen gelernt:

1. **Menschen und Interaktionen** sind wichtiger als Prozesse und Werkzeuge.
2. **Funktionierende Software** ist wichtiger als umfassende Dokumentation.
3. **Zusammenarbeit mit dem Kunden** ist wichtiger als Vertragsverhandlung.
4. **Reagieren auf Veränderung** ist wichtiger als das Befolgen eines Plans.«

So lautet das »Agile Manifest«, welches im Februar 2001 unterzeichnet wurde. Es stellt einen Meilenstein der Entwicklung in der Unternehmensphilosophie dar, ändert es doch in vielen Punkten die Mittel und Maßnahmen, die helfen können, dem jeweiligen Unternehmenszweck gerecht zu werden. Im digitalen Gebiet, in dem die Beschleunigungsspitze am schärfsten in die Zukunft sticht, musste das Vorgehen zum Erfolg als erstes radikal geändert werden, um überhaupt noch befriedigende Ergebnisse zu ermöglichen. Denn die zu entwickelnde Software war mittlerweile so komplex geworden, mit so vielen zu beachtenden unklaren und offenen Anforderungen und einer solchen Vielzahl daran arbeitender Teams versehen, dass ein klassisch strukturiertes Prozessmanagement nicht mehr reichte, um eine perfekt auf die Kundenbedürfnisse abgestimmte Software zu entwickeln. Das Problem war zumeist: Die Entwicklungszeiten waren zu lang, und wenn die Programme endlich auf den Markt kamen, gab es schon wieder neue Möglichkeiten und Wünsche.

Der Kernaspekt der Agilität ist das Umschalten von einem linearen, vorausplanenden zu einem iterativen, situationsbezogenen Vorgehen. Statt einem vorher festgelegten und dauerhaft feststehenden Schema zu folgen, begibt man sich nunmehr in einen schleifenartigen Prozess, der sich je nach Verlauf, neuen Prozesserkenntnissen und neuem Kundeninput neu ausrichtet. So werden den Kunden aufgrund ihres Feedbacks Produkte als Prototypen oder Vorabversionen zur Verfügung gestellt und weiterentwickelt. Ständige Optimierung ist das Programm, die Wahrheit immer nur der letzte Stand des Irrtums. So bedeutet das Prinzip »Always in beta«, dass nichts jemals fertig ist, sondern den Status einer Beta-Version (einer Vorabversion) nie übersteigt. So heißt es im Agilen Manifest im elften der zwölf den Werten zugeordneten Arbeitsprinzipien: »Wir wissen heute noch nicht, was wir morgen wissen. Wir können nicht wissen, was wir morgen lernen. Wenn wir es wüssten, hätten wir es ja schon gelernt. Wir geben uns die Freiheit, die Erkenntnisse aus dem Projektfortschritt für die Optimierung unserer Ziele und unserer Vorgehensweise einzusetzen. So erreichen wir mehr, als wir bisher für möglich gehalten haben.«

Man kann es sich vorstellen wie einen Zug, der erst beim Fahren gebaut wird und dessen Entwicklung, je nachdem, wo man gerade fährt, immer weiter optimiert und angepasst wird. Bei einem Zug, der heute gebaut wird, ist dies nicht notwendig, aber nur deshalb nicht, weil alle Anforderungen an den Zug schon vorher feststehen und man genau weiß, was er wo, unter welchen Bedingungen und mit welchen Risiken leisten muss. Wenn man hingegen mit dem Zug während des Baus schon losfährt und nicht weiß, ob es dort, wohin man fährt, überhaupt Schienen gibt, welche Energieform vorhanden ist, wie viele Menschen und welche Technik, um ihn zu steuern, dann wird klar, dass klassische Entwicklungsprinzipien zu kurz greifen. Allerdings ist es heute in immer mehr gesellschaftlichen und ökonomischen Bereichen genau so, dass Marktbedingungen sich permanent verschieben und man am Anfang eines Prozesses oft nicht wissen kann, worauf man in der Mitte und danach überhaupt achten muss. Die Unsicherheit, die Instabilität, die Geschwindigkeit der Umfeldveränderungen sind so hoch, dass die Planung unter Einbeziehung aller Eventualitäten so lange dauern und so komplex würde, dass sie kaum mehr durchführbar wäre.

Genau das wird im agilen Manifest im zwölften Arbeitsprinzip aufgegriffen: »Wir organisieren ein agiles Projekt. Jeder Plan ändert sich. Agile Organisationsentwicklung braucht agile Pläne. Deshalb heißen wir jede Änderung im Projektablauf willkommen. In regelmäßigen Abständen reflektiert eine Steuergruppe, ob das Projekt sein Ziel erreicht und wie es effektiver werden kann. Anschließend wird der Projektplan entsprechend angepasst. Wir verzichten auf langfristige Projektpläne und bleiben offen für Veränderungen. Wir fokussieren Teilziele und führen regelmäßig und kontinuierlich Workshops innerhalb weniger Wochen oder Monate durch.«

Agilität reagiert auf die Verflüssigung der Realität, indem sie eine neue Art des Wie und Was in die Unternehmensphilosophien einführt und damit die klassischen »Big Five« alt aussehen lässt. In allen Bereichen von der Unternehmensführung bis zur Produktentwicklung sind nun agile, iterative und inkrementelle Arbeitsprinzipien beheimatet:

- Unternehmen werden nach dem »Lean-Start-up-Ansatz« gegründet, sehr schlank aufgestellt mit einer großen Idee. Sie bringen ein Produkt oder eine Dienstleistung sehr frühzeitig an den Markt und entwickeln diese nach Kunden-Feedback immer weiter (siehe Kapitel 10).
- Multidisziplinäre Teams entwickeln im »Design Thinking«, in einem mehrstufigen schleifenartigen Verfahren, aufgrund eigenen Forschens, Ausprobierens, Prototypbauens und Testens neue Lösungsideen.
- Entwicklerteams arbeiten bei der »Scrum-Methode« im höchsten Maße selbstorganisiert, in iterativen Schleifen, über definierte Zwischenergebnisse mit unterschiedlichen institutionalisierten Elementen (Scrum Master, Product Owner, Sprint Phase etc.) an einem optimalen Output.
- Eine verstärkte Teilhabe von Mitarbeitern und Kunden in Verfahren der »Kollaboration«, »Ko-Evolution« und »Ko-Kreation« sorgen für deutlich mehr Entwicklungsdynamik und bedürfniserfüllendere Ergebnisse.
- Unternehmen installieren abseits der Linienroutinen Think Tanks, Labs und Task Forces, um jenseits der täglichen Routinen zu neuen Perspektiven, Konzepten und Ansätzen zu gelangen, die anschließend das Tagesgeschäft anreichern oder verändern.

Der Grund für diese rasante Verbreitung der neuen Arbeitsprinzipien in allen Bereichen ist relativ einfach. Sie erzielen nachweisbar deutlich bessere Ergebnisse und mehr Erfolg als die alten, eher für niedrigkomplexe Anwendungen geeigneten Systeme. So klärt etwa Wikipedia über die Erfolgsquoten auf: »Der Standish Chaos Report 2011 hat festgestellt, dass Projekte, die mit agilen Methodiken erstellt werden, eine deutlich höhere Wahrscheinlichkeit haben, erfolgreich abgeschlossen zu werden. Sind bei der Anwendung der Wasserfallmethodik nur 14 Prozent erfolgreich, 57 Prozent problematisch und scheitern 29 Prozent der Projekte, so sind bei agilen Methodiken 42 Prozent erfolgreich, 49 Prozent problematisch und nur 9 Prozent scheitern.«

Dabei gilt entgegen den alten Methodiken als roter Faden für alle diese Beispiele agiler Techniken als Grundregel: Alles wird permanent hinterfragt. Alles wird in einen iterativen, inkrementellen Prozess übersetzt, der das Gleiche immer wieder neu variiert, mit neuen Bedeutungen und Interpretationen versieht, der bei der Entwicklung immer wieder neu reagiert auf bestehende Situationsanforderungen und Kundenbedürfnisse, in einen Prozess, der die Elemente immer wieder neu arrangiert, Fehler zulässt, aus ihnen lernt, die Erkenntnisse hieraus einbaut und neu anfängt. Dieses ständige Experimentieren, die Verschmelzung von Handlung und immer neuer Planung, das Nie-fertig-Sein, Nie-sicher-Sein, Immer-weiter-Denken gleicht viel mehr einem künstlerischen, gestaltenden Prozess als einem militärischen, verwaltenden.

Sehr schön deutlich wird das im Film *Gerhard Richter Painting*, in dem dem Maler während seines Schaffens über die Schulter geschaut wird. Nach äußeren Maßstäben, der Perspektive eines unvoreingenommenen Beobachters versteht man erst einmal gar nicht, was hier vorgeht. Richter streicht scheinbar wahllos Farbe auf große Leinwände, übermalt diese immer wieder, überstreicht sie mit einem riesigen Spatel, so dass das Gemalte plötzlich einen ganz anderen, vorher kaum vorauszusehenden Charakter erhält. Dann beginnen Teile des Prozesses von vorne, neue Schichten werden aufgetragen, Farben mit neuen Nuancen versehen, Bildstrukturen neu angeordnet. Entscheidend ist Richters Kommentierung, einer inneren Notwendigkeit zu folgen und nicht äußere Planungsvorgaben zu befolgen. Im Prinzip kann man sein Vorgehen auch als Vortasten bezeichnen, bei dem jeder einzelne Schritt klar macht, wo der nächste hingehen muss – und das heißt manchmal auch wieder zurückzugehen. Das Gefühl, das Gerhard Richter währenddessen begleitet, beschreibt er mit den Worten: »Ich werde immer unfreier, bis es stimmt, bis es fertig ist.« So werden auch vermeintlich fertige Bilder gerne von einem Atelier ins andere getragen, bei neuen Lichtverhältnissen in einem anderen Umfeld neu gesehen, dann vielleicht noch einmal komplett umgearbeitet – oder auch einfach zerstört und weggeschmissen.

Durch das Umschalten auf solche iterativen, inkrementellen Verfahren, die variierende Schleife als Arbeitsprinzip entsteht in Unternehmen (aber natürlich auch in allen anderen Lebensbereichen) eine mentale, physische, strukturelle und prozessuale Beweglichkeit, die dazu führt, dass man nicht mehr permanent Feuer löschen muss und auch nicht immer hinterherläuft, sondern in der verflüssigten Realität plötzlich schwimmen kann wie ein Fisch im Wasser. Wo man dabei hinschwimmen soll und wofür sich das Schwimmen überhaupt lohnt, weiß man zwar noch nicht. Immerhin aber weiß man, wie das Schwimmen heute erfolgreich sein kann. Will man beide Seiten miteinander verbinden und beide Fragen mit einem Gesamtkonstrukt beantworten, so muss zum »Know-how« der Iteration und Agilität das »Know-why« treten, eine Antwort auf die Frage nach dem Sinn des Unternehmens.

Die soziale Bewegung als neue Unternehmensmetapher.

Damit kommen wir nun zu einer Metapher, die für ein passendes Selbstverständnis sorgt und sich klar von denen der Maschine, des Organismus und des Netzwerkes abgrenzt. Diese Metapher, die beide Seiten, das »Know-how« und »Know-why«, auf ideale Weise zusammenfasst, ist die der »sozialen Bewegung«. Mit Bewegungen sind dabei soziale Gebilde gemeint, die sich um eine gemeinsame Überzeugung herum gruppieren und die in einer Art Verschworenheit der Intention folgen, diese Überzeugung in die Welt zu tragen, in die Wirklichkeit umzusetzen. Beispiele für Bewegungen in dieser weit gefassten Definition des Begriffes wären etwa die Hippies, die Hells Angels, die Szene der Surfer oder die Slow Food Community genauso wie die Harvard Universität mit ihrem breit gespannten Alumni-Netzwerk, die Bauhaus-Schule, die Anthroposophen oder das Silicon Valley. Alle diese »Gemeinschaften« verbindet, dass ein selbst definiertes Großes ihre Existenzberechtigung ausmacht, eine Vorstellung davon, wie die Welt und das Leben besser sein könnten und weshalb das eigene Handeln hierdurch einen besonderen Sinn hat. Alle diese »Geistesgemeinschaften« zeichnen sich dadurch aus, dass sie in erster Linie nicht durch Profitgier angetrieben und zusammengehalten werden, sondern durch einen gemeinsamen Geist, einen »Spirit«, der die kontinuierliche Begeisterungsversorgung sicherstellt und damit die Energie für den eigenen Fortbestand aus dem Anreiztyp »Sinn« und nicht dem Anreiztyp »Nutzen« bezieht.

Der gemeinsame Geist von Bewegungen beflügelt und begeistert die Mitglieder. Er ersetzt die Notwendigkeit des äußeren Drucks und Zwangs, der durchgreifenden Disziplinierung durch Freiwilligkeit, durch Eigeninitiative und persönliche Verantwortung für das Ganze. Die Hippies brauchten keine zentrale Planung ihrer Vorgehensweise und keine generalstabsmäßige Verteilung der Ressourcen, um erfolgreich zu wirken. Sie wurden angetrieben von der Idee einer friedlicheren, freieren und bunteren Gesellschaft und vom Geist des »Flower Power«, vom Idealismus der Blumenkinder. Die Hippies funktionierten ganz anders als ein bürokratisierter Großkonzern des industriellen Zeitalters: Sie waren beseelt von dem, was sie taten. Ihre Effektivität in der Verbreitung und Umsetzung ihrer Ideen war legendär und wirkt noch weit in die Gegenwart, obwohl ihre Effizienz nach buchhalterischen Maßstäben mit Sicherheit zu wünschen übrig ließ. Ihr Vorteil war ein gigantischer Überschuss an Energie, der sich in einer eigenen Kultur manifestierte und damit das Denken der Menschen insgesamt veränderte. Von einer eigenen Musikentwicklung, der Hippie-Musik, über einen fundamentalen Umbruch der Ästhetik mit bunten Blumenmotiven und psychedelischen Mustern bis hin zu einer völlig eigenständigen Mode, neuen Liebestechniken, einer anderen Form der Literatur, einer eigenen Sprache, Drogenritualen, nie dagewesenen Event-Formen (wie Happenings und Sit-ins) oder Lebensformen (wie Kommunen oder offenen Lebensgemeinschaften) reicht das Spektrum der Aktivitäten, die dem neuen Geist Ausdruck verleihen sollten. Und wenn man das Ganze einmal einer wirtschaftlichen Analyse unterziehen würde, käme man sehr sicher zu dem Ergebnis, dass die »Hippie AG« eines der größten und erfolgreichsten Unternehmen des letzten Jahrhunderts gewesen war: der Absatz an Hip-

pie-Produkten, der weltumspannende Umsatz und die Breite der »Pro-
duktpalette« waren phänomenal, wenngleich eine solche Betrachtung
sicher ein wenig unromantisch und unpassend klingt. Ähnliches gilt
für die »Surfer GmbH«, die »Harvard AG« und erst recht natürlich
für die »Silicon Valley Inc.«, die auch allesamt fortbestehen, was für
die Hippies nun nicht mehr gilt.

Unternehmen als Bewegungen zu betrachten, beinhaltet eine völlig
neue Dimension der Organisationsentwicklung. Weitab von der »Maschine«, die man analytisch auseinandernimmt und deren Teile man
zwanghaft so formt, dass das Ganze nach vorgegebenen Planzahlen
funktioniert und so Wachstum und Profite auswirft, setzt die »Bewegung« auf eine Mischung von Selbstorganisation und Sinnversor-
gung. Die einzelnen Untereinheiten werden nicht dezidiert angeleitet
und in ein System von Anweisungen und Arbeitsschritten gepresst,
sie werden ihrer eigenen Organisations- und Gestaltungskraft und der
führenden Wirkung ihres inneren Anliegens überantwortet. Zwar ist
das Unternehmen als Bewegung organisch in seiner Anpassung an
Situationen und Ereignisse und es ist netzwerkartig in seiner Infrastruktur, doch tritt als entscheidendes Moment noch ein fester Kern
hinzu, die Substanz eines gemeinsamen Glaubens, einer gemeinsamen Überzeugung, des gemeinsamen Geistes des sozialen Gebildes.
Die drei Fragen »Was?« »Wie?« und »Wofür?« bilden so eine Einheit,
die Agilität und Anpassungsfähigkeit mit etwas Festem, einem Nukleus des Sinns verbindet und hierdurch der Gefahr einer planerischen
Sprödigkeit wie auch der eines permanenten Hinterherlaufens hinter
der aktuellen Entwicklung entgegenwirkt.

Betrachtet man ein Unternehmen als Bewegung wird es im Selbstverständnis von einer Zweckgemeinschaft zu einer Geistesgemeinschaft.
So sehen auch Boltanski und Chiapello in ihrem wegweisenden Buch
Der neue Geist des Kapitalismus eine Hinwendung zum Sinn als großes
übergreifendes Entwicklungsmuster der globalen Wirtschaft. Statt in
Linienfunktionen und Abteilungsschemata beobachten sie in ihrer
großangelegten wissenschaftlichen Studie die schon erwähnte zunehmende Untergliederung der Unternehmen in zeitbegrenzte, flexible

und selbstorganisierte Projekte, die sowohl die Probleme einer netzwerkartigen wie auch die einer mechanistischen Unternehmensform überwindet. In ihrer Nachzeichnung der Entwicklung bleibt aber im Gegensatz zu vielen anderen Theorien bei der vernetzten Organisation »das heikle Führungsproblem«, der richtigen Entscheidungen von wenigen Führungspersonen in einer sich rasant wandelnden Umwelt erst einmal ungelöst. Zwar weisen sie anhand von aktuellen Quellen wie der Managementliteratur, Unternehmensberatungen und realer Organisationsstrukturen die vorübergehende Inthronisierung von Visionären, Leadern und Managern als Lösungsfiguren aus. Doch sehen sie hier nur eine Übergangsperiode, die neuerdings von einem anderen Lösungsansatz des Führungsproblems abgelöst wird: »Dank eines gemeinsamen Sinns, dem alle beipflichten, weiß jeder, was er zu tun hat, ohne dass man es ihm eigens sagen müsste.«

Statt einer oder mehrerer Personen als Führungsgaranten wird zunehmend auf einen Führungsgeist gesetzt, der alle Projekte des Unternehmens mit allen Wechseln ihrer Beteiligten in eine gemeinsame Richtung »begeistert«. Und damit wird zugleich auch das Bevormundungsproblem der »Unternehmensmaschinen« gelöst, denn: »Die Mitarbeiter können sich selbst organisieren. Ihnen wird nichts aufgezwungen. Sie identifizieren sich vielmehr von allein mit dem Projekt.« Zusammenfassend können wir also feststellen, dass die soziale Bewegung ein ideales Selbstverständnis in einer verflüssigten Gegenwart darstellt, da hierdurch einerseits die notwendige Agilität in den organisationalen Vorgehens- und Verhaltensweisen ausgedrückt wird und andererseits die gemeinsame Ausrichtung an einem Sinn, der dem verflüssigten Umfeld einen festen dauernden Halt entgegenstellt – so wie das bei Zappos mit »Delivering Happiness« der Fall ist, bei SpaceX mit der Vorstellung, irgendwann den Mars zu besiedeln, und bei TESLA mit der Absicht, den Verbrennungsmotor als Reaktion auf den Klimawandel auf den Müllhaufen der Geschichte zu befördern.

Fluide Organisationen – Netflix und Spotify.

Das große Unternehmensthema der letzten Jahre ist die »digitale Transformation« – die fundamentale Wandlung des gesellschaftlichen Umfeldes und die sich daraus ergebende Notwendigkeit der grundsätzlichen
Neuerfindung von Geschäftsmodellen, Organisationsstrukturen und -mo-
dellen. Um eine Vorstellung davon zu bekommen, was dieser Begriff in der
Konsequenz bedeutet, braucht man sich nur zwei Protagonisten anzu-
schauen: den Videostreamanbieter Netflix und die Musikplattform Spotify. Beide sind hervorragende Beispiele, wohin sich Unternehmen heute
entwickeln – und zwar inhaltlich und organisatorisch. Beide sind ange-
treten, um in ihren Bereichen alle gängigen Angebote obsolet werden zu
lassen, in etwa so wie das Festnetztelefon weitestgehend von der Mobil-
kommunikation überflüssig gemacht wurde.
Die Mission von Netflix und Spotify ist es, das Fernsehen und die Musik
von allen bestehenden Zwängen zu befreien. Jeder Mensch soll sehen und
hören, was er will, wann er will, wo er will, womit er will und so viel er will.
Diese Mission prägt den Spirit der beiden Unternehmen und lässt sie im
Prinzip wie Befreiungsbewegungen auftreten. Sie wollen völlig neue Möglichkeiten für die Menschen schaffen und müssen sich für diese Aufgabe
natürlich auch von den inneren Zwängen einer klassischen Linienorgani-
sation befreien. An die Stelle von Disziplin, Kontrolle und Routine treten
organisationale Tugenden wie Autonomie, Vertrauen und Kollaboration.
Die Mitarbeiter sollen völlig frei, aber im Sinne des Unternehmens agieren – was das bedeutet, müssen sie selbst entscheiden. So bestimmt den
Arbeitsalltag nicht das, was das Unternehmen vorgibt, sondern das, was
es nicht vorgibt. Bei Netflix gibt es etwa keine Erfassung von Arbeits-
stunden und Urlaubstagen mehr, keine festen Arbeitsplätze, keinerlei
Kleidungsvorschriften, keine Compliance-Regeln, keine Reiseregularien
und keine Titelwirtschaft. Wie sich die Mitarbeiter anziehen, wann sie zur
Arbeit kommen, wie und wie teuer sie zu Kunden reisen, in welchen Ho-
tels sie übernachten, wie viel Urlaub sie nehmen – das alles ist ihnen
selbst überlassen. Die einzige Regel, die besteht, ist »Act in Netflix's Best
Interest«. So wird der CEO von Netflix Reed Hastings auch nicht müde, in
jedem Interview, das er gibt, darauf hinzuweisen, dass er selbst noch

nicht einmal ein eigenes Büro besitzt, was den Vorteil habe, dass er nachmittags aus der Kantine besser nach Hause abhauen kann, ohne dass er fragende Blicke seiner Mitarbeiter einfangen muss. Zudem zählt er sehr gerne auf, wo er in den letzten Monaten überall im Urlaub war, um die Mitarbeiter zu ermutigen, es ihm gleichzutun. Denn man stellte im Unternehmen relativ schnell fest, dass durch die neue und in der Wirtschaft ungewohnte Freiheit viele Angestellte sich nicht mehr trauten, überhaupt welchen zu nehmen.

»Flexibilität ist auf lange Sicht deutlich wichtiger als Effizienz« ist einer der entscheidenden Sätze in der Präsentation der Unternehmenskultur »Freiheit & Verantwortung« (Freedom & Responsibilty) von Netflix, die seit einigen Monaten wie eine Welle durch das Netz wogt. Hier wird mit einigen Seitenhieben auf den Arbeitsmarktkonkurrenten Google beschrieben, was das Besondere daran ist, bei Netflix zu arbeiten, und wie sich das Unternehmen von anderen unterscheidet. Einer der ersten Differentiatoren ist die Orientierung an klaren Werten. An klaren Werten? – das ist doch nichts Besonderes, mag man denken. Doch Netflix reklamiert zu Recht, dass zwar inzwischen jedes Unternehmen eine beeindruckende Batterie hehrer Werte vertrete (im Sinne der genannten Big Five), diese Werte aber oftmals weit von dem entfernt seien, was die Unternehmen in ihrem täglichen Wirken tatsächlich treibt. Als Beispiel hierfür wird das Unternehmen Enron genannt, das über Jahre mit den Werten Integrität, Kommunikation, Respekt und Exzellenz hausieren ging, in Wirklichkeit aber eine der größten Betrugsmaschinerien der US-Geschichte darstellte und einen entsprechend großen Skandal produzierte, der das Unternehmen in die Pleite und die gesamte Führungsriege ins Gefängnis beförderte – zugegeben ein extremer Fall, aber dennoch eine gute Illustration für die Divergenz von dargestellten Werten und wirklichem Verhalten in vielen Unternehmen.

Um eine solche Divergenz zu vermeiden, betont Netflix, dass die eigenen Werte nur zum Maßstab werden können, wenn sie konsequent mit Beförderungen und Belohnungen oder bei Zuwiderhandeln mit dem Rausschmiss beantwortet werden. Die Werte, die Netflix dabei auf die eigene Agenda gesetzt hat, sind etwa Neugier, Mut, Leidenschaft, Ehrlichkeit und Selbstlosigkeit, also Wertebegriffe, die gar nicht mal so weit von denen Enrons entfernt sind. Der Unterschied ist, dass nach eigener Aussage alles daran gesetzt wird, dass sie tatsächlich den Rahmen der täglichen Kultur bilden. Bei Spotify, dem anderen hier behandelten Bewegungsunternehmen, heißt es entsprechend:»Wenn Vision das ist, wo du hingehst, ist Kultur das, was es möglich macht, dorthin zu kommen.«Wie bei Netflix werden auch bei Spotify die Werte und die dazugehörige Kultur mit großer Konsequenz inszeniert, zelebriert und honoriert. Alles, was Spotify macht, wird von vier Kernregeln getragen, die von der Haltung über die Gestaltung bis hin zum Umgang untereinander klare Leitplanken für jeden Mitarbeiter und das gemeinsame Vorgehen bilden. Diese sind:

- »Go big or go home!«
  (steht für: Innovieren und aus Fehlern lernen)
- »Give it everything you got!«
  (steht für: permanente Verbesserung, geteilte Verantwortung)
- »Think it! Build it! Ship it! Tweak it!«
  (steht für: autonomes, agiles, iteratives Arbeiten)
- »Play fair!«
  (steht für: Transparenz, Vertrauen, dienende Führung)

Weil die Werte und die Kultur bei Netflix und Spotify nach eigener Aussage eine so hohe Bedeutung haben und sie auf diese Weise zusammen mit der Grundstrategie einen so klaren Rahmen für das Unternehmensverhalten vorgeben, wird eine bisher kaum dagewesene Autonomie des einzelnen Mitarbeiters und der kleinen Projektteams innerhalb der Organisation ermöglicht. Und das ist es, worauf es den beiden Unternehmen letztlich in der Hauptsache ankommt: auf eigenständig denkende, agierende Mitarbeiter, die im Rahmen eines gemeinsamen Interesses, eines gemeinsamen Geistes sich als Teil von etwas Großem fühlen können und das Unternehmen auf diese Weise zusammen voranbringen.

Bei Spotify wird die Zusammenarbeit mit einer Jazz-Band verglichen: Jeder spielt sein eigenes Instrument und doch hört jeder auf den anderen und alle konzentrieren sich dabei auf das Gelingen des gemeinsamen Songs. Die lose Verbundenheit der einzelnen Organisationsteile (»Autonomy«: Mach, was du willst) wird durch die Abgestimmtheit auf einer allgemeineren Ebene (»Alignment«: Mach, was ich dir sage) möglich gemacht. Durch die intelligente Verbindung von »Autonomy« und »Alignment« werden organisationale Zustände der Anarchie (Autonomie: ja, Abgestimmtheit: nein) genauso vermieden wie die der Orientierungslosigkeit (Autonomie: nein, Abgestimmtheit: nein) oder die der maschinenhaften Dressur (Autonomie: nein, Abgestimmtheit: ja, sehr). Niemand gibt vor, wie man ein Problem zu lösen hat, welche Methoden man dabei verwenden soll und wann man im Büro zu sein hat. Tatsächlich gilt als Grundregel: Wenn du klare Instruktionen erwartest, bist du bei Spotify nicht gut aufgehoben. Die Freiheit liegt bei einem selbst, genau wie die Verantwortung, die damit einhergeht. Vorgaben gibt es nur im Hinblick auf die größere Linie, die Mission für das Team, und für die Kultur, in der man sich bewegt.

Der Grad der Standardisierung bei Spotify ist minimal – ganz gegen das sonst übliche Skalierungs- und Effizienzsteigerungsvorgehen. Gegenseitige Befruchtung, der inspirierende Austausch von Methoden und Instrumenten unter den Projektteams ersetzen eine starre Regelvergabe, das Teilen von Inhalten (Open-Source Sharing) löst jedwede Form von Herrschaftswissen (Owning) ab. Zudem wird die gegenseitige Wertschätzung kultiviert, indem besondere Leistungen herausgestellt und gute Beiträge durch Lob gefördert werden. Und nicht zuletzt wird die Arbeitszufriedenheit bei Spotify permanent gemessen, um anhand der Ergebnisse und Hinweise alles zu tun, um 100-prozentige Zufriedenheit zu erreichen. Insgesamt ergibt sich auf diese Weise die »Spotfiy Engineering Culture«, die nach eigener Einschätzung sowohl den großen Erfolg bei Kunden als auch den auf dem Arbeitsmarkt ausmacht.

Unternehmen der Zukunft wie Netflix oder Spotify nutzen ihre Kulturen der »gerichteten Autonomie«, um die Idee einer »fluiden Organisation« zu verwirklichen. Die kollektive Intelligenz und das organisationale Verhalten werden nicht mehr durch eine zentrale Analyse- und Planungseinheit gesteuert, sondern dezentral in Kleinsteinheiten verlegt. Hierdurch wird der Grad der Reaktivität und der Kreativität im Ganzen genauso erhöht wie die Identifikation und das Glück des Einzelnen. Wer einmal in einem solchen Umfeld gearbeitet hat und dazu noch an den Sinn des unternehmerischen Ansatzes glaubt, wird größte Schwierigkeiten haben, sich wieder in die starren Regelraster von Großkonzernen alter Prägung zu versetzen.

Unter dem Titel »Agiles Zusammenarbeiten beim Softwareunternehmen Spotify« ging die Zeitschrift *OrganisationsEntwicklung* (OE) der Frage nach, was die enorme Produktivität und Wandlungsfähigkeit dieses Unternehmens ausmacht. Als Basiseinheit bei Spotify werden die sogenannten »Squads« (Trupps) ausgemacht, sich selbst organisierende Teams, die wie Start-ups mit frei wählbaren agilen Arbeitstechniken wie Scrum, Kanban oder Lean Startup für ein langfristiges Ziel, die Verwirklichung der sogenannten »Squad Mission«, arbeiten. In der Regel bestehen die »Squads« aus höchstens acht Mitgliedern, die in einem eigenen, von vielen Besuchern als »großartig« beschriebenen Arbeitsbereich agieren. Jeder dieser Bereiche besteht aus einem verglasten Arbeitsraum, einer Lounge und einer Art Gruppenraum. Alles ist auf kollaboratives Arbeiten ausgelegt, mit Whiteboard-Wänden, und 10 Prozent der Arbeitszeit stehen für gemeinsame »Hack Days« zur Verfügung. Sie sind frei verfügbar, etwa um Dinge auszuprobieren, zu lernen oder Unsinn zu treiben. In den »Squads« gibt es keinen klassischen Leiter, sondern einen »Product Owner«, der für die Koordination des Teams bei der Projektarbeit zuständig ist und mit Anforderungskatalogen, Übersichtsdarstellungen und Quartalsberichten arbeitet, die die gemeinsame Arbeit für alle transparent machen und halten. Diese »Squads«, von denen es zum Zeitpunkt des Berichtes 75 in fünf Städten weltweit gab, bilden die Basis eines auf Vertrauen statt Kontrolle aufbauenden Scaling Models, in das das Unternehmen in seiner rasanten Entwicklung immer noch besser »hineinwachsen« kann.

Die Squads werden zusammengefasst zu sogenannten »Tribes« (Stämmen) mit maximal 100 Mitarbeitern, die verhindern sollen, dass Bürokratie, Politik und Overheads überhandnehmen. Sie stellen in gewisser Weise ein Element loser Kopplung dar, das etwa durch Synchronisationstreffen die Arbeit der Squads untereinander abstimmt. Wenn man so will, funktionieren die Tribes schon wie eine Jazz-Band. Außerdem gibt es »Chapter« (Verbände, die ähnliche Kompetenzprofile innerhalb eines Tribes koordinieren) und »Guilds« (Zünfte, die dies über die gesamte Organisation hinweg tun). In diesen beiden Querelementen tauschen sich Kollegen eines »Gewerks« über Fragen und Anforderungen ihres Fachgebietes aus, also beispielsweise über Softwaredesign oder über Customer Experience oder über agile Arbeitstechniken. Durch die Chapter und Guilds sollen Rationalisierungseffekte erzielt werden, ohne dabei die Autonomie der Teams und ihrer Mitglieder zu gefährden oder zu opfern.

Außerdem führen sie erfahrungsgemäß zu einer starken Inspiration und einer positiven Sozialdynamik über das ganze Unternehmen hinweg und agieren nach dem Grundsatz: »Regeln sind ein guter Start, aber sie sollten gebrochen werden, wenn das Sinn macht.«

Ganz ähnlich, wenngleich nicht ganz so ausgefeilt, wird die Kulturgestaltung bei Netflix angegangen. Das Leitmotiv ist hier eine »High-Performance-Culture« im Gegensatz zur »Engineering Culture« von Spotify. Das sagt der Leitsatz »We seek excellence« (Wir streben nach Exzellenz«). Das drückt das Zielbild »stunning colleagues« aus (Kollegen überwältigen). Das meint das Mitarbeiterbild, ein »Star« in einem »Pro Sport Team« zu sein, ein High Performer, der möglichst gehen sollte, wenn er das über längere Zeit nicht (mehr) ist. »Ein toller Arbeitsplatz ist nicht Espresso, feudale Begünstigungen, Sushi Lunches, große Partys oder schöne Räumlichkeiten. Wir haben manche von diesen Dingen, aber nur wenn sie dabei helfen, Menschen anzuziehen und zu halten.«

Die High-Perfomance-Kultur von Netflix erhält aber nach eigener Auffassung ohnehin die höchste Anziehungskraft durch die Freiheit, die die Mitarbeiter hier genießen. Freiheit zieht High Performer an, ist die Hypothese, die hinter allem steht, was die Kultur hier ausmacht. Insofern wird als eine der größten Gefahren gesehen, dass durch weiteres rasantes Wachstum mehr Bürokratie Einzug halten könnte, weil es der natürliche Impuls von Unternehmen ab einer bestimmten Größe ist, einen Haufen standardisierter Prozesse einzuführen, um der Gefahr des Chaos zu begegnen, gerne von der Mahnung begleitet, dass es jetzt »Zeit ist, erwachsen zu werden«.

Doch ein solches Erwachsenwerden wäre nach Netflix genau der falsche Weg zur Problemlösung, da man davon ausgeht, dass sehr erfolgreiche prozessorientierte Unternehmen sich zwar dadurch auszeichnen, dass sie wenige Fehler machen, sehr effizient agieren und das bei oft sehr hohen Marktanteilen. Dass sie aber auf der anderen Seite nur wenig Denkanforderungen an ihre Mitarbeiter stellen, dazu nur einige wenige Kreativaußenseiter in ihren Reihen dulden und deshalb die Flexibilität dieser Unternehmen durch die Hypostasierung der Effizienz gänzlich erstickt wird. Solange der Markt so bleibt, wie er ist, sind Unternehmen dieser Art nach Meinung von Netflix sehr gut eingestellt, aber wenn die Dinge ins Rutschen geraten, haben sie zumeist keine Antworten, noch weniger als das: Sie sind nicht einmal fähig, solche Antworten zu entwickeln. Und das macht sie extrem anfällig.

Netflix versucht der Gefahr der Bürokratisierung durch Wachstum dadurch zu begegnen, dass es einfach noch mehr High Performer einstellt und eben nicht mehr Regeln und Institutionen einführt. Man ist davon überzeugt, dass die Spitzenkräfte mit der Situation schon umzugehen wissen und keine Formalien brauchen, sondern im Gegenteil immer wieder neue, kreative, informelle Lösungen finden. Deshalb gilt es, diese High Perfomer nicht durch Kontrolle einzugrenzen, sondern sie ihr Potenzial durch einen optimalen Kontext bestmöglich verwirklichen zu lassen. Dazu gehört neben der großen Freiheit und Verantwortung in einem klaren Rahmen (wie bei Spotify) eine sehr gute Bezahlung, um so den Besten das für sie angemessene Umfeld zu bieten. Was sie daraus machen, ist dann wieder ganz allein ihre Sache. Denn auch auf so etwas wie Karriereplanung wird bei Netflix sehr bewusst komplett verzichtet. Ist das richtig oder falsch so? Sympathisch oder nicht? Schwer zu sagen. Zumindest scheint es die Leute anzuziehen, die zukunftsorientierte Unternehmen für ihr Wirken benötigen.

5. Wie gestaltet man den Sinn eines Unternehmens?

Das, was einen im Leben und bei der Arbeit beflügelt, ist das, wofür man es tut. Und wenn das Wofür dann noch etwas Großes ist, erfüllt es einen mit Sinn. Das große Wofür bildet zusammen mit dem Wie der Umsetzung die Philosophie eines Unternehmens, wobei das Wie je nach Branche, Zeitströmung und Unternehmen variiert, während das große Wofür von dauerhafterem Bestand ist. Es wird ausgedrückt und getragen vom Geist des Unternehmens, seinem Corporate Spirit. Der gemeinsame Geist in einer Organisation gibt ihr ihre Seele. Wird der Geist nicht gepflegt und gehegt, gemeinsam gelebt, beschworen und zelebriert, dann wird die Organisation zu einer seelenlosen, zu einer Zweckgemeinschaft, in der der Sinn abhandenkommt, in der jeder seinen Stiefel herunterarbeitet mit dem einzigen Ziel der Geld-vermehrung. Dabei verarmt die Atmosphäre, die Tage verlieren ihren Reichtum und die geistigen Wachstumsmöglichkeiten verlottern. In einem geist- und seelenlosen Unternehmen mag Geschäftigkeit herr-schen und es mögen auch Geschäfte gemacht werden, aber die Hin-gabe und Überzeugung, die am Ende des Tages das Gefühl vermitteln, etwas Gutes bewerkstelligt zu haben, die herrschen nicht mehr.

Unternehmen wie SpaceX mit seiner Marsmission, wie Zappos mit »Delivering Happiness«, wie Bulthaup mit seiner Materialechtheit oder die Stanford University mit ihrem Motto »Der Wind der Freiheit weht« drücken den Sinn des Unternehmens durch einen starken Leitsatz aus und vermitteln ihn konsequent nach innen und außen. Sie alle haben etwas, woran sie glauben können, und sie tun vieles dafür, diesem Großen, das ihren Daseinsgrund ausmacht, eine Gestalt zu geben und dadurch den Sinn immer wieder aufzufrischen, unterschiedlich zu interpretieren und ihn dadurch in all seinen Facetten zum Leben zu bringen. Zwar nutzt hierzu jedes Unternehmen unterschiedliche Mittel und Methoden, doch letztlich ist allen gemeinsam, dass sie alles, was sie tun, an einem gemeinsamen Geist messen, der den Sinn des Unternehmens auf den Punkt bringt. Alles, was sie vorhaben, ist diesem Geist verpflichtet, ihr gesamtes Wirken ist ihm verschrieben. Ein schönes Beispiel hierfür ist der Fußballverein FC Bayern München, in dem es lange Zeit hindurch üblich war, in die Trikots der Spieler den Leitspruch »Mia san mia« einsticken zu lassen. Nachdem der Club sich im Champions-League-Finale »dahoam« dem FC Chelsea London im Elfmeterschießen geschlagen geben musste, ordnete der damalige Präsident Uli Hoeneß an, den Spruch aus den Trikots zu entfernen. Die Spieler, so meinte er, müssten sich den Schriftzug erst wieder verdienen. Ein Jahr später gewann Bayern mit dem Trainer Jupp Heynckes das Triple, bestehend aus Champions League, Meisterschaft und Pokalsieg.

Jedes Unternehmen hat seinen eigenen Sinn. Doch meist ist dieser Sinn den wenigsten bewusst, was es schwierig macht, ihn durch Organisationsverhalten zu vermitteln und zu gestalten. Klar, er wird in vielen Unternehmen ohnehin durch die Kultur der Organisation ausgedrückt, in den vielen täglichen Entscheidungen und ihren Begründungen, im Miteinander der Mitarbeiter, in den Gepflogenheiten und Wertschätzungen. Aber oft genug ist und bleibt er implizit, unsichtbar und ungreifbar und deshalb kaum modellierbar. Dabei stellt der Sinn ein enorm wirkmächtiges Führungsinstrument dar. Er hilft Unternehmen, sich zu entwickeln, zu verändern, neue Wege einzuschlagen oder ein neues Level zu erreichen. Ein Unternehmen erlebt in seiner Entwicklung immer an einem bestimmten Punkt zu einer bestimmten Zeit eigene Herausforderungen, denen es mit unterschiedlich gut geeigneten Mitteln begegnen muss. Früher vollzog sich der Wandel so langsam, dass es genügte, über Jahrzehnte nach nur einem Rezept und unter einer Führungsfigur zu agieren, um erfolgreich zu sein. Der Sinn war gesetzt. Man musste nicht viel über ihn reden, da er eine Selbstverständlichkeit darstellte. Doch in der Gegenwart ist der Sinn einerseits keine Selbstverständlichkeit mehr, da man sich in den meisten Unternehmen nur wenig um ihn kümmert. Und andererseits ergibt sich heute durch den immer schneller sich vollziehenden Wandel die Notwendigkeit, den Sinn und seine Umsetzung zu hinterfragen, ihn neu zu interpretieren, ihn gegebenenfalls auch an die Erfordernisse der Zeit anzupassen. Daher stellt sich die Frage, inwiefern und wodurch man überhaupt Einfluss auf den Sinn des Unternehmens nehmen kann. Wie kommt man an ihn heran und wie kann man ihn dann gestalten?

Die Bedingung für die Möglichkeit, den Sinn eines Unternehmens wirklich effektiv und bewusst einsetzen zu können, ist in einem ersten Schritt, ihn als gemeinsame Philosophie, als gemeinsamen Geist explizit zu machen. Man muss erst den gemeinsamen Geist auf den Punkt bringen, ihn verstehen und erklären können, um dann mit und an ihm arbeiten zu können – so wie die Hippies das mit »Flower Power« geschafft haben, die Christen etwa mit der Idee der Nächstenliebe oder die Waldorf-Schulen mit der »Erziehung zur Freiheit«. Denn erst wenn er in Form eines gemeinsamen Geistes explizit gemacht wird, ist es möglich, den Sinn des Unternehmens als verbindliche Richtschnur einzusetzen, als roten Faden, den alle kennen und schätzen und der sich durch alle zu ergreifenden Maßnahmen zieht. Erst wenn man den Sinn als Unternehmensphilosophie definiert hat, kann man ihn immer wieder hinterfragen und ihn, gesteuert durch viele Ideen, Kulturelemente und Aktivitäten, auch implizit machen, damit er so zum integralen Bestandteil der täglichen Arbeit wird.

Oder anders: Will man wissen, was das Unternehmen als Bewegung ausmacht, muss man erkennen, was das Unternehmen, seine Mitarbeiter und seine Kunden bewegt, wie und wohin es sich bewegt. Dann kann sich das Unternehmen in einem nächsten Schritt selbstorganisiert kultivieren, indem es das, was es in Bewegung und nach vorne bringt, gezielt verstärkt, bremst und steuert. Wenn das Unternehmen diesen Einfluss wirklich entwickelt, wenn es an allen Touchpoints, an allen Berührungspunkten seinen starken, konsistenten Geist verströmt und eine gemeinsame sinnerfüllte Richtung für alle anstrebt, dann wirkt es in hohem Maße anziehend für neue Mitarbeiter, die sich leichter mit ihm identifizieren können, und auch für die bereits Beschäftigten, die große Freude daran haben, den gemeinsamen Geist täglich zum Leben zu bringen.

Die sieben Hebel der Bewegung.

Damit der gemeinsame Geist wirklich ein solcher ist, reicht es nicht, ihn einmal zu proklamieren oder ihn an ein oder zwei Stellen im Unternehmen zu zelebrieren. Um ein Unternehmen tatsächlich in Bewegung zu bringen, muss der Geist sowohl von innen nach außen wie von oben her und auch von unten nach einer durchgängigen Logik zur Wirkung gebracht werden. Hierzu sind sieben elementare Bewegungshebel zu bedienen:

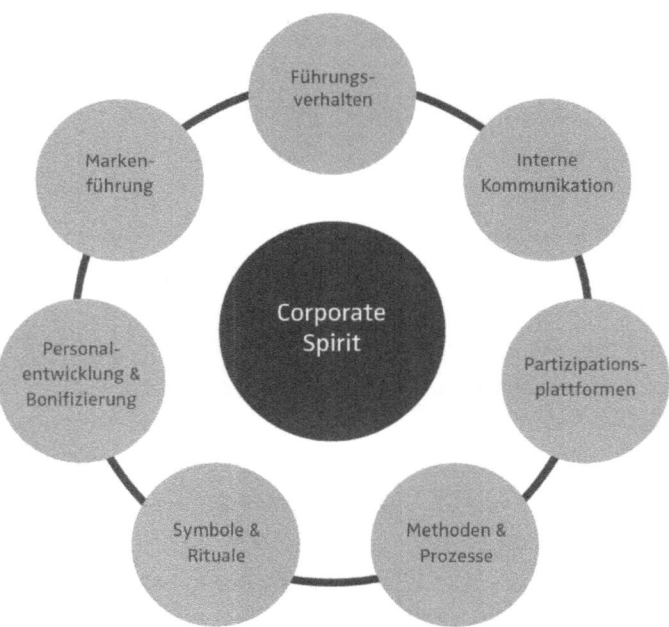

Führungsverhalten als erster Bewegungshebel:

Der legendäre Fußballtrainer Arsène Wenger von Arsenal London hat einmal in einem *Spiegel*-Interview gesagt, dass seiner jahrzehntelangen Erfahrung nach das Spiel einer Fußballmannschaft immer ein direkter Spiegel der Persönlichkeit ihres Trainers ist. So wie der Trainer ist, so wie er denkt und fühlt, so spielt auch die Mannschaft. Ob bei Guardiola, ob bei Sepp Herberger oder aber bei jedem Zweitligatrainer.

Und ähnlich wie bei den Fußballmannschaften ist es auch bei Unternehmen, denn die Unternehmensführer sind in gewisser Weise immer die Personifizierung ihrer Philosophie. Unternehmensgründer wie Steve Jobs oder Bobby Dekeyser (Dedon) und Unternehmenslenker wie Howard Schultz (Starbucks) oder Martin Winterkorn (VW) prägen ihre Unternehmen wie kein anderer Einflussfaktor. Aber auch wenig bekannte und charismatische Führungsfiguren personifizieren den Stil des Unternehmens, der schwerpunktmäßig auf diskrete, konzentrierte und nachhaltige Arbeit ausgerichtet ist. Jim Collins hat in mehreren Studien nachgewiesen, dass solche Charaktere in ihrem Wirken häufig sogar deutlich erfolgreicher sind als ihre leuchtenden Kollegen.

In beiden Fällen ist aber entscheidend, dass die Philosophie, der Geist des Unternehmens durch das Führungsverhalten auf den verschiedenen Ebenen konsequent vorgelebt wird. Denn die Führungsfiguren sind nach innen wie nach außen der wichtigste große Orientierungspunkt für alle. Wenn sie der Philosophie in ihrem Verhalten zu stark widersprechen, wird diese konterkariert, entwertet und ihrer Wirkung beraubt. Deshalb ist der richtige Einsatz der Führungsmannschaft das wichtigste Kommunikationsmittel in jeder Organisation. Die Unternehmensführung muss Takt und Ton angeben. Sie muss zuvorderst explizit machen, was das Unternehmen antreibt. Und sie muss als Gruppe stimmig vorleben, was alle gemeinsam weiterbringt. Das setzt voraus, dass sie sich ihrer Wirkung und ihrer Funktion bewusst ist und beides gezielt im Sinne der jeweiligen (Führungs-)Philosophie einsetzt. So wie sich der FC Barcelona als Verein und Mannschaft seit der Ära Johann Cruyff dem »totalen Fußball« verschrieben hat.

Leitfrage: Wie kann die Führungsmannschaft die Unternehmensphilosophie explizit machen?

Interne Kommunikation als zweiter Bewegungshebel:

Im Marketing hat man seit vielen Jahrzehnten gelernt, dass ein Kommunikationserfolg sehr stark von der Verdichtung der Inhalte abhängt. Zur Veranschaulichung wird immer noch gerne folgendes Bild zitiert: Wenn man jemandem einen Ball zuwirft, kann er ihn mühelos auffangen, wenn man ihm sieben Bälle gleichzeitig zuwirft, wird er vermutlich keinen einzigen auffangen. So dumm dieser Vergleich ist, so sehr trifft er doch eine grundlegende Regel funktionierender Kampagnengestaltung. Die eindeutige Definition einer klaren Kernbotschaft, der sogenannten »Single-Minded Message«, ist auch schon von den alten Ägyptern, vom Christentum, den Punks und von Slow Food als ein äußerst probates Mittel genutzt worden, Prägnanz zu schaffen, einen Geist zu etablieren. Umso erstaunlicher ist es, dass darauf in der internen Kommunikation und bei internen Kampagnen in Unternehmen kaum zurückgegriffen wird. Immerhin wäre es – neben der Personifizierung durch Führungsfiguren – ein gleichzeitig effektives und einfaches Mittel, das helfen würde, der Unternehmensphilosophie eine Gestalt zu geben, sie konkret werden zu lassen. Diese wiederum wirkt deutlich emotionaler, merkfähiger und schneller als die oft zähe Kommunikation langer Verhaltensregeln und vielfältigster, komplexer Aussagekonstrukte.

Um zu bewegen, muss man bei den Menschen etwas auslösen. Ein Beispiel stellt die Philosophie der Otto Group dar. »Die Kraft der Verantwortung« wurde als gemeinsame Mission, als Single-Minded Message definiert. Zur Vermittlung dieser Philosophie wurde unter anderem ein Film gedreht, in dem Passanten auf der Straße eine symbolische »Tüte voller Verantwortung« mit der Frage angeboten wurde, ob sie bereit wären, einmal die Verantwortung zu tragen. Ausnahmslos alle Passanten lehnten die Anfrage natürlich mit unterschiedlichsten Begründungen ab (»Verantwortung? Nee, dafür habe ich keine Zeit«). Nach etwa 15 Befragungen endete der Film mit dem eingeblendeten Satz: »Die meisten Menschen wollen keine Verantwortung übernehmen. Wir schon. – Die Kraft der Verantwortung. Otto Group«. Ein anderes Beispiel ist Apple. Das Erste, was beim Betreten der Zentrale in Cupertino ins Auge fällt, sind drei riesig große Begriffe an der Wand: »Simplify« steht oben und ist durchgestrichen; darunter wieder »Simplify«, ebenfalls durchgestrichen. Dann noch einmal »Simplify«, diesmal nicht durchgestrichen. Ein Musterbeispiel für eine Single-Minded Message.

Für eine erfolgreiche interne Kommunikation ist es also entscheidend, die Philosophie des Unternehmens in einer einfachen Botschaft zu komprimieren, in einer Geist-Formel, um die herum man mithilfe unterschiedlichster Kommunikationsträger eine Kampagne bauen kann. So wird die komprimierte Botschaft an unterschiedlichsten Stellen und in unterschiedlichster Weise entfaltet und im ganzen Unternehmen zum Leben gebracht. Jeder Mitarbeiter hat jeden Tag eine Unzahl von möglichen Berührungspunkten, sogenannten Touchpoints, an denen die Philosophie zum Ausdruck kommen kann.

Ob und wie man Reden, Manifeste, Plakate, Filme, persönliche Gespräche, den Empfang, das Intranet oder eine Microsite einsetzt, auch partizipative und interaktive Elemente einbaut und das Ganze zeitlich aufbaut, hängt von Budget, persönlichem Ermessen und aktueller Situation im Unternehmen ab. Entscheidend ist nur, dass sich mit der Zeit ein eigenes Muster in allen Äußerungen der Organisation zeigt, ein Muster, das die Philosophie bestmöglich zum Ausdruck bringt und alle im Unternehmen überzeugt.

Leitfrage: Wie werden die Mitarbeiter durch eine interne Kampagne für die Philosophie begeistert?

Partizipationsplattformen als dritter Bewegungshebel:

Jede Bewegung lebt von der Interaktion ihrer Mitglieder und Teilnehmer. Aus diesem Grund spielt bei bewegungsartigen Unternehmen nicht die Kommunikation *zu den* Mitarbeitern die Hauptrolle, auch nicht die Kommunikation *mit den* Mitarbeitern. Am wichtigsten für das Leben des gemeinsamen Geistes und die Entfaltung des Sinns im Unternehmen ist die Kommunikation *der* Mitarbeiter untereinander. Nur wenn es gelingt, alle drei Arten der Kommunikation im Sinne einer dreidimensionalen Kommunikation in Einklang zu bringen, kann man das Gefühl erzeugen, Teil von etwas Großem zu sein. Erst wenn im Unternehmen eine kommunikative Eigendynamik entsteht, bei der plötzlich die Mitarbeiter diskutieren, wie man »Freude am Fahren« oder »Mia san mia« noch besser verwirklichen kann, dann entfaltet die Bewegungskraft ihre größtmögliche Wirkung. Das ist auch der Unterschied zwischen einer gelungenen internen Sinnkommunikation und dem werblichen Vorgehen. Die Mitarbeiter und Führungskräfte sollen nicht etwas kaufen. Ziel muss es vielmehr sein, dass sie sich mit der gemeinsamen Sache identifizieren, dass sie sie sogar zu ihrer eigenen Sache machen.

Alle im Unternehmen müssen das Große mitgestalten können, gemeinsam daran arbeiten und zusammen darüber diskutieren und überlegen, wie man es zu dem machen kann, was es sein könnte. Niemand soll das Gefühl haben, dass ihm seine Überlegungen und sein Vorgehen »von oben« verordnet und diktiert werden. Jeder muss freiwillig teilnehmen können an dem Projekt, das Gemeinsame »von unten« mitgestalten zu können – auch wenn der Rahmen dafür durch die Unternehmensführung gesetzt wird. Hierzu ist es notwendig, den Mitarbeitern Plattformen bereitzustellen, die die Kommunikation untereinander fordern und fördern, den internen Diskurs anfachen, ihn moderieren und immer wieder mit neuen Impulsen versorgen, nach dem Motto: weg von der Kontrolle, hin zur Initiierung von Partizipation. Die Plattformen der Vernetzung und Partizipation können physischer Natur sein – Workshops, Tagungen, Seminare, Trainings, Speeddatings und Events wie Roadshows oder Companydays. Sie können aber auch virtuell erfolgen durch digitale Foren, Social Media-Gruppen, Chat-Rooms, das Intranet, Blogs, kommentierbare Newsletter und, und, und. Das ist sicher einer der ganz großen Gewinne der digitalen Revolution: Noch nie waren die Möglichkeiten für Mitarbeiter so groß, sich in unglaublicher Anzahl eigenständig und selbstverantwortlich in ihrer Arbeit zu koordinieren. Noch nie waren die infrastruktuellen Bedingungen für Bewegungsstrategien so günstig und wirkmächtig wie in der Gegenwart. Es gilt sie nur zu nutzen. Viele Konzepte der digitalen Transformation und Enterprise 2.0-Visionen öffnen gerade den Weg in diese Richtung. Entscheidend für die Unternehmensphilosophie ist aber auch hier wieder, dass das Unternehmen nicht bei der Faszination für die digitalen Möglichkeiten stehen bleibt, sondern auch diese in den Dienst der Verwirklichung des gemeinsamen Geistes stellt.

Leitfrage: Wie kann jeder im Unternehmen zum Teil der Bewegung werden?

Methoden und Prozesse als vierter Bewegungshebel:

Die große Gefahr bei jeder Kulturveränderung und bei jedem Versuch, den Geist eines Unternehmens zu gestalten, ist, dass die Maßnahmen sehr oberflächlich bleiben und keine langfristige Wirkung entfalten, das heißt also, dass die sogenannte »Folklore-Falle« aller Kulturentwicklung in Unternehmen zuschnappt: Mitarbeiter singen, hören, lachen, sie machen Selfies, drehen Filme oder malen Bilder, doch auf das tägliche Tun hat dies wenig Einfluss. So erlebt man es leider viel zu oft, dass eine gut gemeinte Initiative etwa durch einen internen Themenkongress oder durch eine aufbrucherzeugende Führungskräftetagung ein Feuer bei allen Teilnehmern entfacht, das sich aber schon wenige Tage später als Strohfeuer entpuppt. Bei der Veranstaltung selber machen alle mit und rufen Hurra, aber im normalen Arbeitsalltag sind alle guten Vorsätze, die man dort zusammen formuliert hat, schnell wieder vergessen. Die Routinen haben wieder die Macht übernommen. Sie bestimmen wieder und weiter, was alle im Unternehmen sowieso schon immer denken und tun.

Deshalb besteht einer der entscheidenden Hebel zur Veränderung eines Unternehmens und seiner Kultur darin, Routinen zu durchbrechen. Dies kann einerseits durch eine »Perlenkette« langfristiger Maßnahmen der Personifizierung, Kommunikation und Partizipation erfolgen. Es muss aber andererseits auch in der Neutaktung des täglichen Arbeitsrhythmus geschehen. Und das bedeutet, dass man gemeinsam und gezielt auf die Methoden und Prozesse im Unternehmen einwirkt, dass man sie bewusst macht, dass man sie hinterfragt und entwickelt oder sogar ersetzt. Um dies zu bewerkstelligen, gibt es mittlerweile ein schier unerschöpfliches Spektrum an Mitteln und Möglichkeiten des iterativen Vorgehens, der Teilhabe, der Selbstorganisation: von Produkt- und Serviceentwicklungsmethoden wie Open Innovation oder Design Thinking über die aus der Softwareentwicklung entliehene Technik Scrum, die eher aus der Produktionsoptimierung geborenen Vorgehensweisen wie Kanban oder Kaizen, bis hin zu ganzheitlich verändernden Methoden wie KVP. Damit werden die ausgetretenen Wege des Unternehmens verlassen und neue Prozesse etabliert, die der angepeilten Unternehmensphilosophie besser entsprechen.

Zusätzlich zu diesen grundlegenderen Ansätzen gibt es auch noch eine riesige Bandbreite von Techniken, die im kleineren Maßstab beim Durchbrechen alltäglicher Routinen helfen und den Blick für eine veränderte Arbeitsrealität öffnen: von Learning Journeys, bei denen jeder Teilnehmer durch den Blick in andere Unternehmen eine Übertragungsleistung durchführen kann; oder Open Spaces, bei denen die Teilnehmer gruppenweise ihre Arbeitsprojekte selbst definieren und bearbeiten; bis hin zur Arbeit mit »Personas«, in der Zielgruppen unter anderem mittels Namengebung und Charakterbeschreibungen individualisiert werden, um sie als Kunden greifbarer zu machen.

Damit der gemeinsame Geist im Unternehmen auch wirklich Fuß fasst und nicht nur Folklore bleibt, ist es entscheidend, die zur Unternehmensphilosophie passenden Methoden, Techniken und Prozesse aus dieser Vielzahl von Möglichkeiten auszuwählen. Denn dann kann auch das gemeinsame Hören, Malen und Lachen eine enorm wichtige komplementäre Funktion erhalten, um den Übergang in die Zukunft positiv aufzuladen.

Leitfrage: Wie wird die Unternehmensphilosophie zu einem Leitmotiv der täglichen Arbeitsprozesse?

Symbolisierung und Ritualisierung als fünfter Bewegungshebel:

Die Kultur eines Unternehmens wird in einem sehr starken Maße durch die informelle Verhaltensebene geprägt, wenn man so will: durch die ungeschriebenen Gesetze der Organisation. Diese haben sich oft über Jahre und Jahrzehnte gebildet und sind Teil der unbewussten gemeinschaftlichen Wahrnehmung. Man sieht, bewertet und behandelt bestimmte Dinge so, wie man sie eben sieht, bewertet und behandelt. Das ist Usus, das hat nie jemand genau so verlangt. Das hat auch nie jemand genau so aufgeschrieben. Hier geht es um tiefliegende Verhaltensrituale, deren man mit Verordnungen und komplizierten Regelwerken kaum Herr werden kann, da sie eben nicht auf der Ebene des rational und bewusst gesteuerten Vorgehens verankert sind. Es geht um all das, was sich eingeschlichen hat – im Positiven wie im Negativen, was durch den Bauch und vielleicht auch ein bisschen durch das Herz gelenkt wird. Man fühlt, dass ein bestimmtes Verhalten angezeigt ist, und man spürt, dass man sich in einer Situation lieber zurückhält, obwohl man bei nüchterner Erwägung eigentlich aktiv werden sollte. Um diese intuitiv-informelle Ebene zu beeinflussen, braucht es Gestaltungselemente, die ebenfalls auf dieser Ebene angesiedelt sind. Und das sind zuallererst bewusst eingeführte Rituale und Symbole, die den bestehenden entgegenstehen oder sie sogar ersetzen.
Ein sehr schönes Beispiel hierfür bietet der amerikanische Konzern Procter & Gamble. Dort stellte man in einem Unternehmensbereich

als problematisches ungeschriebenes Gesetz fest, dass bei Besprechungen aus irgendeinem Grund offensichtliche Probleme kaum je angesprochen wurden, sondern stattdessen bestenfalls nur um den heißen Brei herumgeredet wurde. Um dieses Gesetz zu durchbrechen, galt es nun, in einem Schritt ein klares Bild für das Problem zu finden und es bewusst symbolisch zu nutzen und so allmählich ein verändertes Verhalten zu ermöglichen. Das plakative Bild, das man dafür wählte, war ein rosafarbener Elefant. Und die Versinnbildlichung des ungeschriebenen Gesetzes lautete: »Irgendwie steht bei uns öfter ein rosa Elefant mitten auf dem Tisch. Jeder sieht ihn. Jeder glaubt, dass auch die anderen ihn sehen. Aber niemand spricht über ihn. Dadurch nehmen wir uns aber die Möglichkeit, direkt mit diesem Elefanten umzugehen und eine klare Lösung für ihn zu finden. Also lasst es uns in Zukunft anders machen. Während jeder Besprechung sollten wir uns fragen: Sieht gerade jemand einen rosa Elefanten? Und wenn ja, wie sehen das die anderen?« Dazu bekamen alle Mitarbeiter einen kleinen rosa Elefanten, den sie bei den Besprechungen auf den Tisch legen konnten, wenn sie ein Problem offen ansprechen wollten. Und tatsächlich: Es wurden viele Elefanten auf den Tisch gelegt.

Bei Amazon beispielsweise gibt es das Ritual, dass bei jedem Meeting ein Stuhl am Tisch frei bleiben muss. Die Idee dahinter: Da sitzt unser Kunde! Und bei jedem Meeting schauen irgendwann alle auf den leeren Stuhl und fragen, was wohl der Kunde meinen würde, der da sitzt. Hierdurch wird auf eine informell-intuitive Art ein kundenzentriertes Denken zur absoluten Selbstverständlichkeit gemacht. Auch der frühere, berüchtigte VW-Einkaufschef Ignacio Lopez arbeitete oft mit starken Ritualen. So soll er seine gesamte Mannschaft darum gebeten haben, ihre Uhren rechts statt wie üblich links zu tragen, um seiner »Truppe« hierdurch das Gefühl einer eingeschworenen Gemeinschaft der Kostenkämpfer zu vermitteln. Ebenso wirkungsvoll wie das Symbolische und Rituelle kann auch die Verwendung bestimmter Begriffe sein, die einer bestimmten Haltung oder einer neuen Verhaltensausprägung eine Manifestation geben. Man denke nur an Industrie 4.0, Glasnost, Customer-Centricity oder Neoliberalismus. Auch die Nutzung von Corporate Fashion, also die vorgeschriebene oder zum Teil auch einfach ritualisierte Nutzung von Mode als Kulturelement kann eine ähnliche Funktion einnehmen. In der in den 1970er Jahren legendären und bis heute in Insider-Kreisen verehrten Düsseldorfer Werbeagentur GGK pflegten beispielsweise die Mitarbeiter zeitweise alle komplett in schwarz zu erscheinen, was die Aura der Agentur innerhalb der Szene deutlich stärkte und den Mitarbeitern ein besonderes Selbstverständnis verlieh.

Das bewusste Gestalten von unbewussten Kulturelementen ist also ein weiterer wirkungsvoller und im Kosten/Leistungs-Verhältnis unschlagbarer Hebel, um eine Unternehmensphilosophie nicht nur zum Ausdruck zu bringen, sondern sie auch tief ins Selbstverständnis und in die informellen Abmachungen des Unternehmens zu integrieren.

Leitfrage: Wie findet die Philosophie Eingang in die ungeschriebenen Gesetze des Unternehmens?

Personalentwicklung und Bonifizierung als sechster Bewegungshebel:

Was nützt einem ein Kompass, wenn er nicht in die richtige Richtung ausschlägt? In sehr vielen Unternehmen besteht eine massive Inkongruenz zwischen den propagierten Werten und dem, was im Unternehmen an Verhalten wirklich erwünscht und belohnt wird. In vielen anderen Unternehmen wird offene Kommunikation gewünscht, Eigenverantwortung angemahnt, eine Fehlerkultur propagiert, doch wenn Mitarbeiter es ernst nehmen, werden sie erst einmal einen Kopf kürzer gemacht, und es wird vollkommen entrüstet gefragt, was sie sich denn dabei gedacht haben. Das ist Unternehmensalltag und »gelebte« Unternehmenskultur, die mit dem, was wirklich wertgeschätzt wird, was tatsächlich sogar häufig mit finanziellen oder Karriereanreizen versehen wird, was also offiziell als Handlungsziel definiert ist, wenig bis nichts zu tun hat. Das Problem daran: Der offizielle Kompass erzeugt mehr Konfusion als Konsequenz. Die Kompassnadel oszilliert zwischen offiziellen und inoffiziellen Missionen hin und her und setzt damit keinen ehrlichen Kurs, mit dem man sich voll und ganz nach innen wie nach außen identifizieren kann. Fragen wie »Was muss ich können?«, »Was soll ich lernen?« oder »Was kann ich tun?« sind mit ihm nicht eindeutig zu beantworten. Und so trennt sich das, was das Unternehmen will, von dem, was der Mitarbeiter meint zu sollen.

Deshalb ist es für jedes Unternehmen ein starker Hebel zur Umsetzung seiner Unternehmensphilosophie, eine starke Kongruenz herzustellen zwischen dem, was das Unternehmen vorantreibt, und dem, was einen Mitarbeiter weiterbringt. Erst wenn hier Übereinstimmung herrscht, können die Mitarbeiter uneingeschränkt das Gefühl entwickeln, Teil von etwas Großem, von einer gemeinsamen Bewegung zu sein. Um im Unternehmen eine klare Vorstellung von dem zu verankern, was ein wirklich gewünschtes und wertgeschätztes Verhalten ist, ist es auf der einen Seite notwendig, die bestehenden Maßnahmen der Personalführung und -entwicklung auf ihre Übereinstimmung mit der Philosophie zu überprüfen: Was sind etwa die Themen in Mitarbeiter- und Vorstellungsgesprächen? Was beinhalten die Zielvereinbarungen? Wodurch macht man im Unternehmen wirklich Karriere? Wie sehen die Fortbildungsmaßnahmen aus? Was wird in Seminaren und auf Festen vermittelt? Und nicht zuletzt: Wie und womit wird um neue Mitarbeiter geworben? Auf der anderen Seite gilt es, die Führungskräfte und Mitarbeiter in die Entwicklung des Unternehmens aktiv mit einzubinden, um die Unternehmensphilosophie wirklich zum Leben zu bringen. Denn letztlich ist jeder, der in einem und »für« ein Unternehmen arbeitet, der beste Botschafter und Multiplikator für seinen Geist.

Leitfrage: Wie wird die Entwicklung der Mitarbeiter mit der des Unternehmens in Einklang gebracht?

Markenführung als siebter Bewegungshebel:

Vor 40, 50 Jahren etablierte sich die Image-Theorie als Modell, mit dem geklärt werden konnte, wie Marken funktionieren und wie man sie steuern kann. Die Idee war, dass eine Marke wie Coca-Cola, Marlboro oder Der Weiße Riese ein bestimmtes inneres Bild im Kopf der sogenannten »Verbraucher« erzeugen sollte. Dieses »Image« galt es nun im Sinne einer gesteigerten Begehrlichkeit zu beeinflussen – am besten, indem man ein prägnantes Sinnbild für die Botschaft fand (Cowboy für Marlboro) – und durch massive Werbekraft in den Kopf der Verbraucher hineinzubekommen. Das Ganze nannte man dann »Management of Perception«, also die führende Organisation der Wahrnehmung. Beim Verfestigen der Bilder halfen die Massenmedien wie Fernsehen, Funk, Film, Zeitungen, Zeitschriften und Plakate. Im Prinzip versuchte man einen Nagel auf den Kopf der Empfänger zu stellen, den man durch massenmediales Schlagen auf denselben über das Bewusstsein ins Unbewusste treiben wollte. Das Menschenbild hinter diesem Modell war das des dressierten Weltraumaffen, den man durch klassisches Konditionieren im Pawlow'schen Sinne abrichten wollte.

Das Bewegungsmodell der Marke geht dagegen davon aus, dass eine Marke heute nur langfristig erfolgreich sein kann, wenn sie die soziale Eigendynamik ihrer Verwender im positiven Sinne anfachen kann. Hier geht es nicht um Einpflanzen von Bildern und Management of Perception, sondern um Begeisterung und Überzeugung. Eine Marke ist im besten Falle eine Community von Gleichgesinnten, deren Kommunikation untereinander mindestens so wichtig ist wie die Interaktion mit der Marke und die Sendung der Marke zu den Menschen. Alle drei Dimensionen ergeben einen Kommunikationskontext, der eine Marke nur insgesamt zum Strahlen und Leben bringen kann. Entsprechend gibt es heute die Unterscheidungen von Paid, Earned und Owned Media (bezahlten, verdienten und eigenen Medien) oder analog von Hero, Hub und Hygiene (unterhaltsame Aufmerksamkeitsbringer, permanent aktualisierte Markenheimat, bestmögliche Auffindbarkeit), die Mehrdimensionalität und Komplexität der neuen Kommunikationswirklichkeit umgreifen. Marken müssen heute im Unterschied zur Image-Epoche zunehmend echte interessante Inhalte (Content) produzieren statt bloßer Werbefloskeln. Nur so haben sie die Chance, echte Geistesgemeinschaften zu werden, wie es am Beispiel der Hippies schon erklärt worden ist. Denn auch bei den Hippies kamen eigene Medien, eine eigene Ästhetik, eigene Events, eigene Symbole, eigene Begriffe und eine Menge Content zusammen, um aus Millionen Menschen eine hochdynamische Geistesgemeinschaft zu formen.

Deshalb ist ein entscheidender Hebel für die Verwirklichung einer Unternehmensphilosophie, Markenführung im Sinne des Bewegungsmodells zu begreifen. Die Außendarstellung des Unternehmens muss in einer Einheit mit seiner Innendarstellung erfolgen. Der Geist des Unternehmens muss als zentrales Begeisterungsinstrument dienen, um einem mechanistischen Image-Modell der Marke vorzubeugen und die Menschen im und um das Unternehmen nicht als dressierbare Weltraumaffen, sondern als selbstbestimmte Wesen zu betrachten, deren Begeisterung und Empfehlung weit mehr wert sind als jede bezahlte »Werbung« des Unternehmens. Wir erinnern uns an Bulthaup und seine Überzeugung der Produkt- und Werkstoffehrlichkeit. Wir denken an Apple und seine Mission, Werkzeuge für kreative Menschen zu entwickeln. Oder an Zappos, TESLA, Spotify. Natürlich machen einige dieser Marken auch Werbung. Aber kein Mensch würde behaupten, dass sie hierdurch zu der Gemeinschaft begeisterter Verwender kamen, die sie heute zweifellos haben. Eine Marke ist ein soziales System, ein sich reproduzierender Kommunikationszusammenhang, der im besten Falle einen bestimmten gemeinsamen Geist zum Ausdruck bringt.

Leitfrage: Wie kommt der Geist des Unternehmens in der Markenkommunikation zum Ausdruck?

126

Die sieben Bewegungshebel im Überblick:

Bewegungshebel	Maßnahmen
Führungsverhalten	Führungsphilosophie, Vorleben
Interne Kommunikation	Touchpoints: etwa Reden, Manifeste, Plakate, Design, Filme, persönliche Gespräche, Emfang, Intranet, Microsite, Mitarbeiterzeitschrift, Give-aways
Partizipationsplattformen	Physisch: etwa Workshops, Tagungen, Seminare, Trainings, Speeddatings und Events (Roadshows, Company Days, Awards, Theater, Aktionen etc.); virtuell: etwa digitale Foren, Social-Media-Gruppen, Chatrooms, Intranet, Blogs, kommentierbare Newsletter
Methoden und Prozesse	Einführung neuer Techniken und Strukturen: etwa Open Innovation, Design Thinking, Scrum, Kanban, Kaizen, KPV, Open Spaces, Learning Journeys, Personas
Symbole und Rituale	Akzente setzen durch klar definierte Kulturelemente wie etwa spezifische Handlungen, Begriffe, Kleidung, Arbeitszeiten, Architektur, Arbeitsplatzgestaltung
Personalentwicklung und Bonifizierung	Sanktionen und Privilegien gestalten: Rekrutierung, Zielvereinbarungen, Fortbildungen, Gehaltsentwicklung, Karriereplanung, Beförderungen, Entlassungen
Markenführung	Übersetzung nach außen: etwa durch Produkte und Services, Innovationen, Marketing und Werbung

Dem Unternehmen seine Seele zurückgeben –
Der Turnaround von Starbucks.

Howard Schultz hat eine sehr genaue Vorstellung vom Sinn seines Unternehmens. Als er im Jahr 1983 eine Messe in Mailand besuchte und dabei die typischen italienischen Kaffeebars besuchte, war er schier geplättet angesichts der Art, wie hier Kaffee zelebriert wurde. Die Leute verbrachten Stunden damit, bekamen auch Kleinigkeiten zu essen, lasen Zeitung, unterhielten sich, schienen sich vollkommen wohlzufühlen. Ihnen wurde eine reichhaltige Auswahl an Kaffeespezialitäten und eine extrem entspannte Atmosphäre geboten. Diese Erfahrung setzte bei Schultz eine Vision frei. Denn das war genau der Moment, in dem er das besondere Gefühl hatte, Teil von etwas Großem zu sein, das er nach Amerika und später in die ganze Welt tragen wollte. Seine Vorstellung war, dass Starbucks zum »Third Place« für Menschen werden sollte, nach dem Motto: »Es gibt zwei Orte in deinem Leben: dein Zuhause und deine Arbeit. Wir wollen dein dritter Ort im Leben sein.« Diese Vorstellung änderte innerhalb kürzester Zeit alles im Unternehmen, das bis dahin hauptsächlich als Kaffeehändler in Erscheinung getreten war, sie änderte auch alles für Howard Schultz. Innerhalb weniger Jahre und Jahrzehnte wurde die Starbucks-Idee in Zehntausenden von Coffee Houses – mit den Barista in grünen Schürzen – über alle Kontinente verbreitet. Starbucks war im wörtlichen Sinne in aller Munde und mauserte sich so zu einer der stärksten weltweiten Food-Ketten überhaupt. Schultz wurde zum Milliardär und zu einer der bekanntesten und meistgeschätzten Persönlichkeiten der Weltwirtschaft.

Vermutlich hatte Schultz nach einer gewissen Zeit das Gefühl, seine Mission weitgehend erfüllt und »The Third Place« verwirklicht zu haben. Zumindest traf er im Jahr 2000 die Entscheidung, sich in den Aufsichtsrat des Unternehmens und damit aus dem operativen Geschäft zurückzuziehen. Allerdings gingen mit ihm das zentrale innere Anliegen und wenige Jahre später auch die schwarzen Zahlen. Ab Mitte des Jahrzehnts nahm die Entwicklung von Starbucks langsam dramatische Züge an, was Schultz dazu veranlasste, immer dringlichere Memos an die Führungskräfte zu verfassen, die alle mit einem auffordernden »Onward« (vorwärts, auf geht's) schlossen. Schultz beschreibt in seinem Buch, das eben unter dem Titel *Onward* erschien, wie er damals die Situation analysierte:»Im Jahr 2006, als ich Hunderte von Starbucks Coffee Houses auf der ganzen Welt besuchte, nahm der unternehmerisch denkende Kaufmann in mir wahr, dass etwas fehlte, was wesentlich für die Marke Starbucks war: eine Aura, ein bestimmter Geist.« Mit einer ähnlichen Diagnose wurde er auch in der *Wirtschaftswoche* zitiert:»Wir haben eine Reihe von Entscheidungen getroffen, die in der Rückschau dazu geführt haben, dass die Starbucks-Erfahrung verwässert wurde.« Die Läden hätten ihre Seele verloren, es rieche nicht mehr nach frisch gemahlenem Kaffee, jeder Shop wirke immer mehr wie ein Laden einer Kette, Konkurrenten hätten das bereits ausgenutzt. Es sei Zeit,»zum Kern zurückzukehren« und»das Erbe, die Tradition und die Leidenschaft für die wahre Starbucks-Erfahrung wieder hervorzurufen«. In einem seiner berühmt-berüchtigten Memos konstatierte er überdies, die Romantik und das Schauspiel seien verschwunden. Aus dieser Wahrnehmung heraus entschied sich der Starbucks-Macher im Jahr 2008 die bestehende Geschäftsführung abzulösen und dem Unternehmen»seine Seele zurückzugeben«, wie er dies später in vielen Interviews umschrieb. Er selbst wollte die Coffee Houses wieder zum Third Place machen und eine neue (alte) Geisteshaltung im Unternehmen zum Leben erwecken. Statt nur auf die Profitmaximierung durch Vollautomatisierung, einen Haufen Hollywood-Produktionen an der Kasse, lange Warteschlangen und schlecht ausgebildete Barista zu setzen, sollte nun die Magie des Erlebnisses zurückkommen, den Menschen etwas geschenkt werden, das sie gerne wiederkommen, Starbucks lieben und weiterempfehlen ließ. Es war für Schultz überlebenswichtig, schnellstmöglich und umfassend von einer Umsatz-um-jeden-Preis-Einstellung auf eine kundenzentrierte Geisteshaltung umzuschalten:»Große Zahlen haben keinen Wert. Die einzige Zahl, die zählt, ist eins: Eine Tasse, ein Gast, ein Partner.«

Nach Meinung von Howard Schultz mögen viele Unternehmen vielleicht erfolgreich sein, aber ihnen fehle oft die Seele, was für Kunden, Mitarbeiter, Führungskräfte, aber letztlich auch die Gesellschaft seiner Ansicht nach mehr als bedauerlich ist. Davon sollte sich Starbucks grundlegend unterscheiden:»Starbucks ist kein Kaffeeunternehmen, das Menschen bedient. Es ist ein Menschenunternehmen, das Kaffee serviert«, so Schultz.

Also beschloss er als eine seiner ersten Maßnahmen als CEO alle Coffee Houses für eine Espresso-Schulung für ein paar Stunden an einem Nachmittag schließen zu lassen. Das damit gesetzte Signal war klar: Der perfekte Espresso ist das Herzstück des Unternehmens und wir setzen alles daran, unseren Kunden den Kaffee wieder angemessen zu servieren. Man kann sich die Reaktion der Finanzer des Unternehmens auf diesen kühnen Plan vorstellen, durch die dem ohnehin angeschlagenen Unternehmen eingeplante Umsätze zusätzlich entzogen und obendrein die Kunden getroffen wurden, weil sie vor verschlossenen Türen standen. Doch die Espresso-Schulung fand statt und sie wurde ein riesiger Erfolg, abzulesen an der Presseberichterstattung, den Diskussionen der Mitarbeiter und unzähligen Rückmeldungen von Kunden, die alle begeistert waren ob des wiederbelebten »Kaffeesinns«.

Von den vielen darauf noch folgenden Maßnahmen, die der alte neue CEO mit seinem innerbetrieblichen Transformationsteam und der Transformationsagentur Stone Yamashita & Partners aus San Francisco in Angriff nahm, war eine der wichtigsten das Projekt »Rebuilding Together«. Die einberufene Führungskräftekonferenz fiel in die Zeit, als der Wirbelsturm Katrina New Orleans heimsuchte und abertausenden Menschen ihr Zuhause nahm. Also stand schnell der Entschluss fest, die über 10 000 Starbucks-Führungskräfte nach New Orleans einzuladen, um sich gemeinsam für die Zeit der Konferenz am Wiederaufbau der Stadt zu beteiligen. Die für die Konferenz außerdem organisierte Messe sollte das neue Starbucks, seinen Geist und seine Philosophie für die Führungskräfte sichtbar, greifbar, riechbar und spürbar machen. Das Ergebnis dieses Projektes ist heute noch auf YouTube – man muss ehrlich sagen – zu bestaunen. Denn hier hat es ein Unternehmen wirklich geschafft, allen Führungskräften die Notwendigkeit der eigenen Neuerfindung auf sehr sensible und dennoch sehr eindringliche Weise nahezubringen.

Howard Schultz war eben klar, dass ihm der Turnaround seines Unternehmens nur gelingen konnte, wenn er einen echten Neuanfang schaffen würde: »Nachdem ich als Starbucks-CEO zurückgekehrt war, wollte ich unseren Unternehmensgeist wieder zu neuem Leben erwecken und unsere Partner daran erinnern, wie aufregend und belebend es ist, den Status quo in Frage zu stellen, dabei sich selbst und seinen Kollegen zu vertrauen und vor allem wirklich großartige Produkte zu erschaffen.«

Hierzu setzte er gezielt auf Partizipation. Er band alle wichtigen Stützen des Unternehmens in Arbeitsgruppen ein, die gemeinsam an der Neubelebung auch eines Leitbildes für Starbucks arbeiten sollten. »To inspire and nurture the human spirit«, so lautete das Ergebnis: Den menschlichen Geist inspirieren und fördern. Dieses Leitbild unterschrieben alle in einem feierlichen Akt und bekundeten so ihr vollständiges Commitment zu den erarbeiteten Inhalten. Dass es nur so möglich war, Starbucks zu alter Stärke zu führen, war dem CEO von Anfang an klar: »Eine angeschlagene, unsichere Geisteshaltung wieder in eine leidenschaftliche Haltung voller Zuversicht zu überführen, das erforderte meiner Einschätzung nach eine Kommunikation, die authentisch, entschlussfreudig und konkret war und die von allen Starbucks-Führungskräften getragen wurde. Nicht nur von mir.«

Ein weiteres Resultat der gemeinsamen Arbeit war eine Transformations-Agenda, die die neuen Aufgaben und die Umsetzung des neuen Geistes bei Starbucks in eine To-do-Liste übersetzte: »Es war ein klarer, handfester Plan, der die kühnen Ziele des Unternehmens umfasste und genau artikulierte, was wir tun würden, um sie zu erreichen. Alles auf einer Seite.« Und darauf war zu lesen:

1. Die unangefochtene Kaffeeautorität sein.
2. Unsere Partner einbeziehen und inspirieren.
3. Die emotionale Verbindung mit unseren Gästen wieder entfachen.
4. Unsere globale Präsenz ausweiten – und dabei jeden einzelnen Starbucks zum Herzstück der örtlichen Gemeinde machen.
5. Führend bei ethischer Beschaffung und Produktion (Ethical Sourcing, verantwortungsvolle Kaffeeproduktion) und ökologischem Bewusstsein sein.
6. Innovative Wachstumsplattformen schaffen, die unseres Kaffees würdig sind.
7. Ein nachhaltiges ökonomisches Modell bieten.

Alle sieben Projekte wirkten auf einer zweiten Ebene im Sinne der Onward-Kernmission, dem Unternehmen seine Seele zurückzugeben. Es kam in diesem Rahmen zu unzähligen unterstützenden Initiativen, darunter drastische Kostensenkungen und Ablaufverbesserungen, aber auch qualitative Verbesserungen im Angebot: durch die erwähnten Espresso-Trainings, durch die Einführung der High-Performance-Espressomaschine »Mastrena«, die sehr erfolgreiche, spezielle neue milde Röstungsvariante »Pike Place Roast«, durch die Umstellung auf das innovative Brühsystem »Clover« und nicht zuletzt durch »VIA«, einen löslichen Kaffee, der in der Distribution völlig neue Wege ermöglichte. Des weiteren setzte Starbucks vermehrt auf Wertangebote, Treuekarten und Bonusprogramme, auf einen deutlich besseren Service und auf schmackhafte gesündere Speisenangebote.

Auch das strategische soziale Netzwerken, der Aufbau der Kundenideenplattform mystarbucksidea.com, der gezielte Einsatz konventioneller Werbung, Lean-Denken und die Arbeit an neuen Store Designs spielten eine wichtige Rolle, ebenso der Ausbau spontaner Marketing-Events, sogenannte »Brand Sparks« (Markenfunken), wie etwa das Angebot von Kostenlos-Kaffee am Wahltag, um darüber die Leute zum Wählengehen zu animieren. Abgerundet wurde das Maßnahmenbündel durch die schon erwähnten kreativen Klausurtagungen, die neuen Leitsätze, den breiten Einsatz von offenen Foren und Memos und die Shared-Planet-Initiativen.

Der Erfolg von »Onward« war und ist bis heute erstaunlich. Er ist nicht nur an der Geschäftsentwicklung und der wachsenden Zahl von Coffee Houses abzulesen, sondern auch am Aktienkurs, der in den ersten Monaten nach der Rückkehr von Howard Schultz auf unter 3 Euro gefallen war, um ab diesem Zeitpunkt in einem nahezu ununterbrochenen Höhenflug bis heute auf knapp 50 Euro anzusteigen. Hätte man vor sechs, sieben Jahren 10 000 Euro in Starbucks-Aktien investiert, würde man sie heute für über 160 000 Euro verkaufen können. Die für uns entscheidende Frage, ob dies deshalb der Fall ist, weil Howard Schulz alles daran gesetzt hat, den Profit und den Aktienkurs zu erhöhen, ist mit einem klaren Nein zu beantworten. Es ist deshalb der Fall, weil es ihm gelungen ist, Starbucks wieder einen höheren Sinn, einen Geist zu geben, der nicht nur die Mitarbeiter motiviert, sondern auch die Kunden anzieht. Den Geist, eine zentrale Überzeugung in den Mittelpunkt zu stellen und allen Beteiligten das Gefühl zu vermitteln, Teil von etwas Großem zu sein, das sind in einem abschließenden Fazit von Howard Schultz die entscheidenden Faktoren für den materiellen wie gleichzeitig den ideellen Erfolg aller Unternehmen: »Ich habe nie daran geglaubt, dass es ein einziges Rezept für erfolgreiche Unternehmensführung gibt. Aber ich glaube, dass effektive Führungskräfte zwei ineinandergreifende Eigenschaften gemeinsam haben: ein unbegrenztes Vertrauen in die Zielrichtung ihrer Organisation und die Fähigkeit, die Menschen mitzunehmen.«

Teil II

ETWAS GROSSES UNTERNEHMEN – DIE ZUKUNFT DER UNTERNEHMENS- PHILOSOPHIE

6. Identifikation – Teil von etwas Großem sein.

Manchmal steht man morgens vor dem Spiegel und fragt sich, ob das alles richtig ist, was man da so tut. Ist es das, was ich eigentlich tun möchte? Ist es genau das, wofür ich arbeiten will? Oder mache ich alles nur, weil ich es eben mache? Weil ich mir zu lange keine Gedanken mehr darüber gemacht habe, ob ich genau das überhaupt will? Steve Jobs hat in seiner legendären Stanford-Universitätsrede den Tipp gegeben, sich diese Fragen immer wieder zu stellen. Wenn man lange Zeit keine befriedigenden Antworten geben kann, sollte man einfach etwas anderes probieren, etwas Neues. Eine der wichtigsten Intentionen dieses Buches ist es, klar zu machen, dass Unternehmen heute mehr denn je in der Pflicht stehen, für Bedingungen zu sorgen, die ihren Mitarbeitern befriedigende Antworten auf diese Fragen ermöglichen. Einerseits indem sie ihnen Freiraum und Entwicklungsmöglichkeiten geben, die sie in vielerlei Hinsicht wachsen lassen. Andererseits aber – und darum geht es hier noch viel mehr –, indem sie ihnen einen echten Sinn ihres Tuns, ihrer Arbeit vermitteln, indem sie ihnen das Gefühl geben, Teil von etwas Großem zu sein, gemeinsam eine Kathedrale zu bauen. Wie aber, so ist natürlich sofort zu fragen, schaffen es Unternehmen, ein solches Gefühl zu vermitteln? Und was ist dieses Große überhaupt? Wie kann man es definieren? Wie kommt man da ran? Und schließlich: Welche Rolle spielt es für die Unternehmensphilosophie?
Ich beschäftige mich seit vielen Jahren mit dem Thema Begeisterung, mit der Suche danach, was uns ein Leuchten in die Augen zaubert.

Dafür habe ich viele, viele Bücher gelesen. Ich habe »Forschungsreisen« wie etwa ins Silicon Valley unternommen. Ich habe viele Geistesgemeinschaften und soziale Bewegungen untersucht. Und ich unterrichte seit einigen Jahren an der Zeppelin-Universität in Friedrichshafen sowie mittlerweile an der Universität der Künste in Berlin Unternehmensphilosophie, wo ich mit den Studenten Dutzende von Unternehmen auf ihre Sinnstiftungsqualitäten und ihre Philosophien untersucht habe.

Aus all diesen Erfahrungen und Erkenntnissen, aus all diesen Studien und Untersuchungen haben sich für mich fünf entscheidende Faktoren ergeben, die den praktischen Erfolg von Unternehmensphilosophien ausmachen und die allgemein für die Möglichkeit von Begeisterung beim Menschen relevant sind. Diese Leuchtfaktoren, ich nenne sie auch Glow-Faktoren, weil sie neben dem Leuchten in den Augen auch ein Glühen für die Sache implizieren, sind in ihrer Gesamtheit Gradmesser und Richtungsweiser für das gemeinsame Schaffen und Gestalten von etwas Großem und dafür, allen Beteiligten permanent die Teilnahme und Teilhabe daran bewusst zu machen. Wenn man so will, handelt es sich bei diesen fünf Faktoren, um die zukünftigen »Big Five« der Unternehmensphilosophie, die fünf grundsätzlichen Punkte zur Gestaltung zukunftsweisender Unternehmenskonzepte.

Der erste dieser fünf Leuchtfaktoren ist die Identifikation. Hier geht es um das Gefühl des Eins-Seins mit der Sache. Die Sache ist wie für mich gemacht. Ich fühle mich ihr verbunden. Sie bringt das Beste in mir hervor. Sie macht mich zu dem, der ich sein kann. Für manche ist das das Springreiten, für andere das Kochen, für die nächsten die Astronomie. Wirkliche Identifikation geht aber über eine Leidenschaft dafür hinaus. Sie bedeutet, dass ich in der Sache aufgehe, sie mich über mich hinaustreibt. Ich bin dabei nicht nur ich, ich bin mehr als das. Und zugleich nehme ich mich zurück, halte mein Ich für nicht mehr so wichtig, sondern bringe mich vollkommen ein, ohne mich aber dabei zu verlieren. Das Gefühl, das dann entsteht, ist Identifikation. Ich bin die Sache und die Sache steht für mich.

Identifikation macht glücklich, sie entlastet uns von uns selbst und gibt etwas, das antreibt und erfüllt. Die Aufgabe der Unternehmen ist es, genau diese Identifikation zu erlauben, überhaupt erst einmal ein starkes Identifikationsangebot zu machen, zu dem ich als Mitarbeiter (und übrigens auch als Kunde) Ja oder Nein sagen kann. Wenn man das, was ein Unternehmen ausmacht, wählen kann, wenn einem bewusst ist, wofür es steht, ist das schon der erste Schritt in Richtung gelingender Identifikation. Dafür braucht das Unternehmen einen klaren geistigen Nukleus, einen Corporate Spirit, echte Ideale. Die in diesem Buch genannten Unternehmen wie Bulthaup, wie Dedon, wie Google, wie Nudie, wie Netflix, wie Starbucks haben einen solchen Kern. Und deshalb nehmen wir sie als Beispiele für Unternehmen, mit denen man sich wirklich identifizieren kann – oder auch nicht. Denn eines ist auch klar. Nicht jeder heißt gut, was ein Unternehmen wie Spotify macht, wie es etwa mit Urheberrechten umgeht. Nicht jeder mag Starbucks, da natürlich auch hier viele Mitarbeiter echte Geringverdiener sind. Und nicht jeder kann sich mit TESLA und dem Größenwahn seines Hauptanteilseigners identifizieren. Und doch macht alle diese Unternehmen etwas aus, das sie von vielen anderen Unternehmen unterscheidet: dass man sich überhaupt so stark mit ihnen identifizieren *kann*. Dass sie etwas Großes versuchen, dass sie einen Sinn setzen, dass sie die Welt verändern wollen.

Doch schauen wir uns den Identifikationsbegriff und das, was etwas Großes ausmacht, doch einmal genauer an. Dann können wir drei Kriterien ausmachen, die dieses Große, mit dem ich mich identifiziere, kennzeichnen.

Zunächst muss das Große zu mir passen wie eine Eins. Für mich erscheint das Große nur wie für mich bestimmt, wenn es mir wie angegossen passt wie ein Anzug oder ein tolles Kleid, in dem ich mich ganz wie ich selbst fühle. Ich muss mich in und mit dem Großen so wohlfühlen, wie ein Fisch im Wasser. »Wenn wir in unserem Element sind«, schreibt der Pädagoge Ken Robinson dazu, »haben wir das Gefühl, zu tun, wofür wir geschaffen wurden und der zu sein, als der wir gedacht waren.« Wenn ich das gefunden habe, wodurch ich mich in meinem

Element fühle, mache ich eine lebensverändernde Erfahrung. Sie bringt mich zu dem, was ich liebe, was ich brauche, was ich unbedingt will. Sie kann nach Robinson fast so etwas wie eine positive Sucht auslösen. In seinem Element zu sein, erschließt ein Kraftfeld, das zu besonderen Leistungen befähigt und außerordentliche Erfahrungen beschert. Nun stellen Sie sich einmal vor, dass es ein Unternehmen zu einem seiner wichtigsten Ziele macht, dass seine Mitarbeiter in ihrem Element sein können. Dann wäre es fast eine logische Folge, dass diese Mitarbeiter im Vergleich deutlich glücklicher, leistungsfähiger und stärker miteinander verbunden wären. Diese Mitarbeiter hätten aber ebenso zwangsläufig eine enorme Identifikation mit dem Unternehmen und würden es mit allen Mitteln erfolgreich machen wollen. Und wissen Sie was? Es gibt heute schon viele Unternehmen, die genau so denken. Und wissen Sie noch etwas? Diese Unternehmen gehören zu den derzeit erfolgreichsten der Welt.

Ken Robinson hat in seinem Buch *The Element* viele Interviews zum Thema Identifikation versammelt, die er mit Wissenschaftlern, Künstlern, Unternehmern, Sportlern geführt hat. Sie alle berichten davon, was es heißt, in seinem Element zu sein. Und einer der beeindruckendsten beschriebenen Fälle ist sicherlich der von Matt. Matt entdeckte schon in seiner frühesten Schulzeit sein Element: das Zeichnen und Geschichtenerzählen. Er zeichnete überall, vorzugsweise aber in langweiligen Unterrichtsstunden. Damit das funktionierte, lernte er zu zeichnen, ohne dabei hinzusehen. Im Kunstunterricht malte er schließlich pro Unterrichtsstunde an die 30 Bilder, denen er fantasievolle Namen wie »Delfin im Seegras« gab. Irgendwann stoppten ihn die Lehrer, weil er sonst Berge von Papier verbraucht hätte. Dieser Matt berichtete Ken Robinson, dass er schon als Kind ganz genau wusste, was er in seinem Leben einmal tun wollte: Geschichten erfinden und zeichnen. Weil er wusste, dass es vielleicht schwierig sein könnte, damit seinen Lebensunterhalt zu verdienen, stellte er sich vor, später in einer großen Reifenfabrik zu arbeiten, also einem geistig und zeitlich wenig aufwendigen Job fürs Geldverdienen nachzugehen, um auf diese Weise genügend Zeit für seine Leidenschaft, die Cartoons, zu haben.

Es kam dann etwas anders und Matt Groening wurde als Erfinder der Simpsons zu *dem* Cartoon-Zeichner überhaupt, wobei ihn der Umstand, dass er nicht in einer Reifenfabrik arbeiten muss, um in seinem Element sein zu können, deutlich mehr erfüllt als all der Ruhm und all das Geld. Dazu verholfen hat ihm nicht zuletzt seine Collegelehrerin, die ihn immer ermutigte und an ihn glaubte. Und zwar so sehr, dass sie einige Bilder von ihm über Jahre aufbewahrte und für die Nachwelt rettete. Groening war dieser Lehrerin für ihre Unterstützung so dankbar, dass er eine Simpsons-Figur nach ihr benannte: Elizabeth Hoover.

Damit jemand in seinem Element sein kann, müssen nach Robinson zwei Merkmale und zwei Bedingungen erfüllt sein: Die Leidenschaft einer Person muss mit ihren Fähigkeiten und Eignungen zusammenpassen, es muss ihre Haltung stimmen und es müssen überhaupt die Möglichkeiten für sie vorhanden sein, in ihrem Element zu sein. Na klar, ich muss einigermaßen können, was ich liebe, da ich sonst komplett daran verzweifeln würde. Ich muss wirklich wollen, was ich liebe, und dafür auch bereit sein, auf manches andere zu verzichten. Und ich muss natürlich grundsätzlich die Möglichkeit haben, dem nachzugehen, was ich als mein Element empfinde, was zum Beispiel im Falle von Eiskunstlauf bei einem nomadischen Wüstenbewohner schwierig werden könnte. Wenn also ein Unternehmen möglichst viele seiner Mitarbeiter (und Kunden) in ihr Element bringen will, muss es auf die Einhaltung dieser Merkmale und Bedingungen hinarbeiten – es muss dafür sorgen, dass die Bedingungen dafür ideal sind, dass Mitarbeiter tun, was zu ihnen passt, was sie gut können und was sie lieben – durch Maßnahmen, wie sie beispielhaft hier beschrieben werden.

Größer als man selbst.

Das Große ist nun keineswegs nur in dem Sinne groß, dass ich mich darin erkenne. Das Große ist auch von seiner Bedeutung her als groß zu verstehen. Das Große muss weit über mich hinausweisen, es muss weitaus größer sein als ich selbst, damit ich an ihm wachsen, von ihm erfüllt sein kann. Ein schönes Beispiel für diese Art von Größe lieferte der Soziologe Niklas Luhmann. Vor seinem Ruf an die neu gegründete Universität in Bielefeld wurde er, wie es üblich ist, gebeten, seine geplanten Forschungsvorhaben, sozusagen seine wissenschaftliche Agenda darzulegen. Normalerweise werden in solchen Zusammenstellungen seitenweise Projekte samt ihren Inhalten, der dazugehörigen Literatur und den dahinter stehenden Erkenntnisinteressen dezidiert beschrieben. Niklas Luhmann hingegen begnügte sich mit drei Zeilen: »Forschungsprojekt: Theorie der Gesellschaft. Laufzeit: 30 Jahre. Kosten: keine.« Damit hatte er seine Kathedrale bestimmt. Und tatsächlich brachte er knapp 30 Jahre später mit seinem Opus magnum *Die Gesellschaft der Gesellschaft* sein umfassendstes Werk als Theorie der Gesellschaft heraus, nachdem er auf der Grundlage seines unfassbar umfangreichen und berühmten Zettelkastens mit seinen soziologischen Untersuchungen über Systemtheorie und die wichtigsten Teilbereiche der Gesellschaft immer wieder beeindruckende Bausteine für diese Kathedrale vorgelegt hatte. Bemerkenswert ist, dass Luhmann beim Bau seiner Theorie, also in seinen Texten durchgängig von »Wir« sprach, wenn er seine eigene Person meinte. Das, worum es ihm ging, war seine Theorie und nicht er selbst, eine Haltung, die er mit vielen Künstlern, Philosophen, Unternehmern, Handwerkern, Ärzten oder Köchen teilt. Seien sie von außen betrachtet noch so exzentrisch, individualistisch und egoman. Oftmals steckt dahinter doch etwas Größeres, ein Werk, ein Wille, ein Projekt, das sie viel wichtiger nehmen als sich selbst. Die Welt verändern, Geschichte schreiben, das Leben bereichern und erweitern oder einfach etwas ganz und gar Großartiges ermöglichen, das alles sind Handlungsfelder, die das eigene Verhalten zu etwas Bedeutsamem und damit Sinnvollem machen können. Sie stiften damit ein maximales Quantum an Identifikation.

Doch auch damit ist das Große noch nicht hinreichend definiert. Was noch fehlt, ist die Dimension der Perspektive, die Öffnung hin auf eine andere Zukunft. Das Große, dessen Teil ich sein kann, hat auch die Eigenschaft, dass es mich selbst kleiner macht, dass es mir eine gewisse Demut abverlangt, wenn ich mich wirklich mit ihm verbinde. Auch für diese Bedeutung gibt es ein erhellendes Zitat, das deutlich macht, was gemeint ist. Dieses Zitat stammt von dem amerikanischen Autor Jonathan Franzen, der in einem FAZ-Interview zu seinem Roman *Freiheit* auf die Frage, was für ihn Freiheit sei, erklärte: »An einen Roman angekettet zu sein, das ist meine Idee von Freiheit. Noch mehr als das: Es ist das Glück.« Der Roman ist das Große für Franzen, sein Werk, für das er bereit ist, vieles zu opfern, dem er sich auf Gedeih und Verderb verschreibt. Und gerade durch diese Hingabe und Weggabe an etwas entsteht das Gefühl von Freiheit und Glück. Es entsteht eben nicht dadurch, sich alle Möglichkeiten offen zu lassen, um die Welt zu fliegen, tausend Leute zu treffen, steinreich zu werden und Erlebnisse aller nur denkbaren Art zu haben. Nein, durch das Opfern von etwas für etwas, durch das langfristige Commitment, durch das sich Abarbeiten an etwas Großem entsteht Sinn. In seinem Element zu sein, sich mit etwas zu beschäftigen, das eine große Bedeutung hat und dem man sich vollkommen verschreibt – hierin besteht das Gefühl, Teil von etwas Großem zu sein.

Jetzt werden Sie vielleicht sagen: wie pathetisch! Was hat das mit einem Versicherungskonzern zu tun? Wollen Mitarbeiter überhaupt Sinn? Wollen sie nicht einfach ihren Job tun und fertig? Müssen wir nicht grundsätzlich allem Großen misstrauen, weil es uns verführt, uns die Selbstbestimmung nimmt und wir so nur wieder zur Ausbeutungsmasse kapitalistischer Organisationen werden? Die Antwort ist: einerseits, andererseits. Natürlich ist die Gefahr des Missbrauchs groß und auch hinlänglich bekannt. Doch die Alternative, alle Ansprüche an Sinn herunterzuschrauben, alle Sinnfragen zu suspendieren und als Ersatz dafür den reinen Zweck hochzuhalten, ist, wie sich in jüngster Vergangenheit immer mehr abzeichnet, keine mehr. Das Sinnbedürfnis erlebt Konjunktur und die Frage ist, wie Unternehmen und Marken hier ein adäquates Angebot machen können, ohne dabei in falschem Pathos zu versinken oder den höheren Sinn nur als Vorwand für ökonomische Zwecke zu missbrauchen.

Für das erfolgreiche authentische Arbeiten mit Identifikation und das Propagieren von etwas Großem gibt es viele gute Beispiele, die als

Orientierung dienen können. Wie etwa die schwedische Jeansmarke Nudie, die erst im Jahr 2001 von Maria Erixon gegründet wurde und inzwischen international äußerst erfolgreich und extrem angesehen ist. Im Zentrum des Unternehmens steht ein Text, der die (große) Bedeutung des Produktes manifestiert und festschreibt und zugleich die Identifikation mit ihm herausfordert. Dieser Text findet sich auf nahezu allen Kommunikationsmitteln von Nudie, sogar auch aufgedruckt auf der Innenseite der linken Hosentasche: »The naked Truth about Denim«, steht da, die nackte Wahrheit über Jeans: »Wir lieben Jeans, und diese Leidenschaft teilen wir mit jedem, der ein ausgetragenes Paar ähnlich betrauert wie den Verlust eines guten Freundes. Kein Stoff altert ähnlich schön wie Jeans, je länger du deine Jeans trägst, desto mehr Persönlichkeit und Gesinnung erhalten sie. Du prägst sie mit deinem Lebensstil und sie werden für dich dabei wie eine zweite Haut. Jeans teilen die gleiche Seele und Haltung, die man auch in der Rock-'n'-Roll-Szene findet – sie sind beide Bestandteil der gleichen Kultur. Wir werden immer ehrlich zu Jeans bleiben. Wir schauen nicht nach ständig wechselnden Modeerscheinungen, unsere Inspiration finden wir weit weg von der Welt des Glamours und der Catwalks. Wir bieten nicht nur Jeans. Wir bieten eine Art zu denken, ein Konzept und eine unsterbliche Leidenschaft, gefüllt mit den Traditionen der Jeans und den Charakteristika des Stoffes selbst.«

Um dieses Ideal hat die Marke Nudie ein Handlungsgerüst gebaut, das den Umgang mit den Mitarbeitern, die Markenkommunikation sowie den Produktionsmethoden und ihre Transparenz umfasst. Ob die Gestaltung und Nennung der Produkte (Grim Tim, Slim Jim, Steady Eddie), die Auswahl der Models oder die Geschäfte, in denen man Nudie-Jeans kaufen kann – alles passt zusammen und alles folgt der dargestellten Philosophie. Hervorzuheben daran ist insbesondere, dass man eine Nudie-Jeans niemals wegwerfen muss. Dazu wurde eigens der von Nudie so benannte Eco-Cycle entwickelt, bestehend aus den Phasen: »Break-In« – das Eintragen der nicht vorgewaschenen Hose, die man möglichst erst einmal ein halbes Jahr nicht wäscht; »Repair« – ist die Jeans irgendwann doch beschädigt, bringt man sie in einen Nudie-Store oder schickt sie ein, wo sie kostenlos »geflickt« wird; »Reuse« – mag man sie dann doch nicht mehr, gibt man die Jeans bei Nudie in Zahlung. Hier wird sie leicht überarbeitet und als »Used Jeans« weiterverkauft; »Recycle« – segnet das gute Stück endgültig das Zeitliche und ist nicht mehr zu retten, wird es zu Teppichen, Wandschmuck oder anderen Zweitverwertungen verarbeitet.

Dass die Modelle neben all der Fürsorge auch noch gut aussehen und die Unisex-Modelle in allen Metropolen großen Anklang finden, kommt dem Erfolg von Nudie zusätzlich zugute. Und dennoch könnte die ausschließlich auf organische Mode setzende und preislich moderat positionierte Marke noch viel mehr wachsen, als sie es ohnehin schon tut. Doch die Nudie-Macher verzichten auf jeden Kompromiss und setzen auf den Bewegungscharakter ihres Unternehmens. So definiert zumindest Ken Robinson soziale Bewegungen: »In seinem Element zu sein, bedeutet häufig, mit Menschen verbunden zu sein, die die gleiche Leidenschaft und die gleiche Hingabe teilen wie man selbst«. Und bei allen Punkten, die man sicher auch an Nudie kritisieren kann, muss man schon zugeben, dass dieser Aspekt auf jeden Fall zutrifft.

»Bei uns war die Grundidee ein Lagerfeuer: Wir sitzen alle drum herum und freuen uns daran.«

Ein Interview über Fortschritt mit Bobby Dekeyser, Gründer der Premium Outdoor-Möbelmarke Dedon und früherer Fußballprofi

Manche Leute meinen ja, Fortschritt erkenne man immer nur im Nachhinein. Wie sehen Sie das?

Fortschritt ist für mich vor allem eine ständige Arbeit an sich selbst. Dazu gehört der Versuch, sich nicht zu sehr beeinflussen oder sogar manipulieren zu lassen, sondern mehr seinem eigenen Gefühl zu trauen. Nah bei sich selbst zu bleiben. Gegen die Eitelkeit. Gegen die Angst. Auch gegen das Geld manchmal. Bei sich zu bleiben und seinen roten Faden zu finden, das finde ich wahnsinnig anstrengend, aber auch wahnsinnig sinnvoll. Für mich ist das überhaupt der einzige Weg. Wenn man sich nicht der Angst vor Veränderungen ergibt, sondern versteht, dass erst Bewegung Sicherheit erzeugt, und man den Mut aufbringt, in guten wie in schlechten Zeiten bei sich selbst zu bleiben, dann ist das für mich Fortschritt.

Woran erkennt man denn, ob man bei sich selbst ist?

Man fühlt das immer. Ich glaube, dass wir heute immer weniger bei uns, sondern extrem getrieben sind. Es gibt diesen österreichischen Schriftsteller, Karl Kraus, der gesagt hat: Ich weiß nicht, wo ich hinfahre, aber Hauptsache ich bin schneller da. Und heute ist alles noch zehnmal schneller als zu den Zeiten von Karl Kraus.

Wir legen in allem ein Wahnsinnstempo vor, in alle Richtungen. Wir sind dann immer sehr leicht emotionsgeladen für neue Ideen, aber uns selbst verlassen wir dabei immer mehr. In Amerika, wo ich derzeit lebe, ist das noch extremer. Da wirst du dauernd in tausend Richtungen gepusht und brauchst dann zehntausend Pillen, um wieder schlafen zu können, ruhiger zu sein, lustig zu sein. Da stimmt ja irgendetwas nicht.

Aber was ist es genau, was hier nicht stimmt und ihrem Begriff von Fortschritt entgegensteht?

Na ja, nach außen hin scheint ja oft alles wunderbar zu laufen. Man kann aber merken, dass irgendetwas in der Seele nicht stimmt. Man kann das schwer erklären, aber man spürt es dennoch. Das ging mir auch selber immer so, als Fußballprofi, mit Dedon, mit meiner Stiftung. Wenn ich dieses Gefühl habe, dann ziehe ich mich komplett zurück und versuche, das zu ergründen und wieder zu mir zu kommen. Umgekehrt bin ich aus eigener Erfahrung auch davon überzeugt, dass man den Berg der Blödsinnigkeiten erst einmal bestiegen haben muss, um zu verstehen, was wirklich wichtig ist. Man muss den Weg einmal gegangen sein, mit Geld, mit Macht, mit Konsum, um dann zu merken: Das brauche ich alles nicht. Die, die das vorher schon wissen, denen traue ich nicht. Nein, wir müssen uns erst einmal verlieren, wir müssen erst einmal viele Fehler machen, um dann zu uns zurückzufinden.

Also hat Fortschritt in Ihrem Sinne gar nichts mit außen zu tun, sondern besteht eher in einer inneren Entwicklung.

Die äußeren sind natürlich auch legitime Ziele, absolut, aber aufgrund meines Lebensweges mit meinen wechselhaften Erfahrungen von nichts zu haben, alles zu haben, dann wieder nichts und dann wieder alles zu haben, würde ich schon sagen, dass man Fortschritt so definieren muss. Gerade in der Zeit, als alles extrem gut lief bei Dedon, so um 2006, gab es von außen eine riesige Aufmerksamkeit für uns und für mich, dagegen innerlich eine große Leere. Ich meinte dann, immer nur eine Rolle spielen zu müssen. Und ich hatte daraus die klare Konsequenz gezogen, einen Teil des Unternehmens zu verkaufen, um mich auf diese Weise zu entlasten, wieder freier zu werden. Ich habe im Nachhinein zwar den falschen Partner gewählt, aber aus der richtigen Einsicht gehandelt. Eine ähnliche Erfahrung hatte ich schon als Fußballprofi. Schon da wollte ich immer dem Chaos entgehen und ein Spießer werden: mit Familie, Kindern, in Ruhe.

Hat sich ihre innere Leere in dieser Zeit auch auf ihr Unternehmen übertragen?

In dieser Zeit damals ist Dedon ja in Überschallgeschwindigkeit gewachsen: in fünf Jahren von sechs Leuten auf 3000 Mitarbeiter. Das hatte natürlich nicht mehr die Tiefe wie anfangs auf unserem Bauernhof, der zunächst unser Unternehmenssitz war. Natürlich wurde da auch vieles etwas oberflächlicher, nicht mehr so greifbar. Sinn hat das aber auch zu dieser Zeit immer gemacht: Man gibt mehr Leuten Arbeit, man macht schöne Sachen, man kann durch die größeren finanziellen Mittel mehr Dinge entwickeln, sicherlich auch mehr Fehler machen. Nur war mein Problem, dass ich nicht mehr so viel selbst gemacht habe und damit kam mir etwas Entscheidendes abhanden. Wenn ein Unternehmen immer größer wird, musst du vieles systematisieren. Das musste ich auf der einen Seite erst einmal lernen. Auf der anderen Seite waren wir damals oft wie tourende Rockstars unterwegs, zum Teil auf drei Kontinenten pro Woche. Messen, Events, Partys, Kampagnen – das war unglaublich! Man kommt da in so einen Rausch rein. Und wenn man sich da nicht immer wieder rückbesinnt, dann vernachlässigt man brutal das Essenzielle. Da muss man dann auch einmal das ständig drängelnde Ego und das Denken ausschalten und sich immer wieder mal fragen: Wofür bin ich eigentlich da? Das gilt für einen selbst und genauso für das Unternehmen.

Doch kann einen das Gefühl des Bei-sich-selbst-Seins auch trügen. Mancher würde gerne Balletttänzer oder Springreiter werden, hat aber gar nicht das Talent dazu. Soll er das dann trotzdem machen?
Ja, klar. Wirklich: ganz klar ja. Erst einmal glaube ich: Wenn man das Gefühl hat, dann hat man auch das Talent. Das Weitere kann man sich immer erarbeiten. Ich bin absolut davon überzeugt, dass es mit der richtigen Liebe und Leidenschaft kaum schiefgehen kann. Die Frage ist aber natürlich immer, wie und in welchen Strukturen ich leben möchte, die Relation. Auf wie viel bin ich bereit für meine Leidenschaft zu verzichten? Ich selbst etwa versuche gerade, nur noch Sachen um mich herum zu haben, bei denen ich eine Seele spüre, und alles andere radikal abzustoßen und zu veräußern: Autos, Wohnungen, Kreditkarten, Flugzeug. Das ist wie eine Reinigungskur, die einen zum Wesentlichen zurückbringt. Und genau das versuche ich den Menschen durch meinen Lebensweg, durch mein Buch und mein Handeln zu vermitteln. Ich möchte ihnen Mut machen, bei sich selbst zu sein. Ich rede ja permanent mit den reichsten Leuten der Welt, in vielen guten, auch lebensphilosophischen Gesprächen. Das Verrückte dabei ist, dass zum Schluss bei allen immer das Glei-

che herauskommt: Jeder von denen will einfach nur leben, und zwar einfach leben, aber keiner kommt mehr aus seiner Nummer heraus.

Was können denn andere Unternehmen von dieser Philosophie, von Dedon lernen? Und können auch Großkonzerne und börsennotierte Unternehmen hier etwas abgucken?

Ich glaube, dass beide Seiten voneinander lernen können. Auf der einen Seite das Rationale, Systematisierte, Klare, und auf der anderen Seite wir, die im Prinzip eher freie Spinner sind. Meine Philosophie ist, dass man die Leidenschaft für das Irrationale, den Mut und den Fatalismus ausleben muss; dass das immer die Basis für alles andere ist. Warum gehen denn die Leute morgens hierher zu Dedon? Wenn man sieht, wie entmenschlicht die Strukturen heute weltweit sind, da entsteht doch eine unglaubliche Langeweile. Die Fantasten gehen da einfach verloren. Da verliert sich meiner Meinung nach irgendwann das Gleichgewicht. Und es entstehen einfach menschenunwürdige Organisationen. Ein zu starker Glaube an Zahlen führt zu einem Mangel an Fantasie. Das kann auf Dauer nicht funktionieren. Langfristig eine Energie zu erzeugen und zu wahren, die Menschen anzieht und die attraktiv ist, das ist mit dieser Art des Denkens kaum noch möglich. Spätestens wenn es dann einmal ein bisschen schlechter läuft, hauen die meisten ab.

Und umgekehrt?

Umgekehrt hatte ich vor einigen Jahren Dedon zurückgekauft, nachdem ich es ja zuvor an den falschen Partner verkauft hatte. Ich bin dann nach dem Rückkauf gleich mit voller Energie und tausend Ideen nach vorne gepresch. Da muss ich zugeben, dass dahinter eindeutig die Klarheit und die Struktur fehlten. Das war schon blauäugig von mir und hat zu einigen Fehlern geführt. Deshalb bin ich sehr froh, dass ich mit Angelo van Tol vor eineinhalb Jahren genau den Part gefunden habe, der mir bisher gefehlt hat. Schon unser erstes Treffen war so, dass wir beide dachten, der ist wie ein verloren gegangener Bruder. Entsprechend haben wir unsere beiden Unternehmen zusammengebracht. Und so sehe ich das neue Konstrukt jetzt endlich als perfekte Arbeitsteilung von verrückten Ideen, Sehnsucht, Klarheit und Struktur. Genau das hätte ich mir schon vor zehn Jahren gewünscht. Und wissen Sie was: Wenn Angelo und ich uns treffen, was wir oft und ausgiebig tun, dann reden wir kaum über Geld oder über das Unternehmen, sondern wir philosophieren über das Leben.

Ist das auch das, was Dedon als Luxusmarke attraktiv macht, die eigene Philosophie?

Das ist so. Natürlich verkaufen wir Luxus. Was wir machen, ist zwar Handarbeit, hat Seele und ist eine grundsätzlich gut geführte, soziale Firma, aber natürlich braucht eigentlich keiner unsere Möbel. Was die Leute aber spüren, ist, dass die Menschen bei Dedon eine große Lebensfreude haben bei dem, was sie tun. Und da kann eben jeder ein Stück weit dran teilhaben.

Also erkennen Menschen Unternehmen mit einer Seele und genau das macht deren Anziehungskraft aus?

Ja, das ist genau wie bei Menschen. Ich hatte vor kurzem eine interessante Begegnung auf Ibiza mit Guy Laliberté, einem der beiden Gründer des Cirque du Soleil, ein echter Haudegen. Wir haben uns angeschaut. Und bumm, es war alles klar. Der macht eine Milliarde Euro Umsatz mit seiner Firma, die es seit 29 Jahren gibt. Und wir wussten sofort: Da treffen sich zwei Fantasten, die einfach nicht aufgeben wollen. Natürlich ist auch bei ihm heute vieles schwieriger. Die Industrie hat sich verändert, Zirkus ist eigentlich altmodisch. Aber auch er möchte begeistern, auch er möchte diese besondere Atmosphäre, eine Stimmung für alle schaffen, die man teilen kann, in der sich Menschen wohlfühlen können. Von solchen Menschen müsste es einfach viel mehr geben.

Und wodurch bekommen Unternehmen ihre Seele?

Auch hier geht es immer los bei den Menschen, die das Unternehmen initiieren, die die Grundidee haben. Bei uns etwa war die Grundidee ein Lagerfeuer: Wir sitzen alle drum herum und freuen uns daran. Entscheidend war bei Dedon von Anfang an die Gemeinschaft, die wir gesucht und gefunden haben, in unserer ganz eigenen Form. Dieses Lagerfeuer-Gefühl haben wir immer gemeinsam vorgelebt und rübergebracht. Zwischendurch haben wir es auch einmal verloren, als ich das Unternehmen an die Private-Equity-Firma verkauft hatte und es plötzlich nur noch um Zahlen ging. Da war dann auf einmal immer die Kernfrage: Was bringt eigentlich jeder Einzelne, der da rumsitzt? Danach kam von mir dieser Überfluss an Ideen, der auch nicht gut war für das Lagerfeuer. In der Zeit haben wir uns manchmal zu sehr im Fantastentum verloren und waren nicht mehr bei uns selbst. Wir haben dann etwa Werbekampagnen gemacht, auf denen die Produkte gar nicht mehr zu sehen waren, und riesige Partys für ein horrendes Geld gefeiert. Da mussten wir uns wieder fragen: Was war nochmal der Kern? Was ist der Kern? Und das ist bei uns einfach das Lagerfeuer, das nun wieder gemütlich weiterbrennen soll.

7. Überzeugung – An den Erfolg des Großen glauben.

»Steven war ein kleiner, schmächtiger Junge ohne Freunde. Seine Mitschüler verspotteten und verprügelten ihn. Er schämte sich seiner Nase, die ihm riesengroß erschien. Am liebsten wäre er unsichtbar gewesen. ›Er fürchtete sich vor fast allem‹, erinnert sich Leah, seine Mutter, ›wenn Äste gegen das Haus schlugen, verkroch er sich bei mir im Bett‹. Einmal sollte Steven im Biologieunterricht einen Frosch sezieren – da flüchtete er aus dem Raum und übergab sich. Er sei mit seiner Panik nicht allein gewesen, sagte er später, ›aber alle anderen waren Mädchen‹. Ein anderer Junge, Bill, hatte es auch nicht leichter. Bill wurde von seinen Eltern zum Psychologen geschickt, als er zwölf Jahre alt war. ›Wir machten uns Sorgen‹, erzählte sein Vater, ›er war so schüchtern und schutzbedürftig‹. Am liebsten verschanzte sich der Eigenbrötler im Keller, um ein Lexikon von vorn bis hinten durchzuackern. Die Psychotherapie half nicht viel: Als der Abschlussball bevorstand, traute Bill sich nicht, ein Mädchen einzuladen. Als er sich nach tagelangem Zureden seiner Eltern endlich doch ein Herz fasste, gab ihm die Auserwählte einen Korb.« Mit diesen Anekdoten beginnt ein Titelartikel im *Spiegel* aus dem Jahr 2010. Die beiden Jungen, um die es hier ging, waren Steven Spielberg und Bill Gates. Beide, als Kinder von Angst zerfressen, schafften es, aus der Angst eine Kraft zu entwickeln, die ihnen Flügel verlieh. So wie auch Warren Buffet, Charles Darwin und Steve Jobs es schafften oder auch David Bowie, Goethe, Vivaldi und Kafka. Alle konnten ihre Angst in Überzeugung verwandeln und dadurch eine enorme Welle der Gestaltung und Veränderung auslösen. Doch wie genau haben sie das geschafft? Wie haben sie das gemacht?

Bei vielen Menschen behält die Angst die Oberhand, zumal heutzutage, in einer Zeit, in der die Wirklichkeit zu komplex, der Wandel rasend schnell und die Anforderungen an die eigene Person zu immens geworden sind. Der äußere Druck regiert und die Angst, ihm nicht gerecht zu werden, fesselt und lähmt. So ist auch der Alltag in Unternehmen sehr oft geprägt von der Furcht, Fehler zu machen, vom Dienst nach Vorschrift und von einer Haltung des vorauseilenden Gehorsams. Angst ist eine riesige Barriere auf dem Weg zum Großen, sie bewirkt, dass man sich alle Optionen offenhält, dass man sich nicht festlegt, auf ein wirkliches Commitment verzichtet. Das Ergebnis ist leider oftmals entsprechend kleinmütig, kleingeistig und engstirnig. Dabei sind gerade heute mehr denn je Kreativität, Geist und Offenheit gefragt. Das wissen natürlich auch die Unternehmen und versuchen, ihren Mitarbeitern Fehlertoleranz zu verordnen. Nach dem Motto: Wer den Fehler macht, keine Fehler zu machen, der bekommt bei uns Probleme. Das ist natürlich paradox und hilft bei dem von Jahr zu Jahr nachweislich steigenden Furcht- und Unsicherheitslevel der Menschen nicht wirklich weiter. Was also tun? Wie damit umgehen? Wie können es Unternehmen schaffen, den Mitarbeitern ihre Angst zu nehmen, um ihnen auf diese Weise die Möglichkeit zu eröffnen, ganz in ihrem Element zu sein und mit voller Energie für die Sache zu streiten?

Zunächst einmal ist es beim Umgang mit der Angst entscheidend, diese nicht zu verteufeln, sondern sie zu akzeptieren. Angst trägt immer auch den Keim der Überzeugung in sich, ohne die von ihr erzeugte Spannung wäre jede Begeisterung nur schlaffes Gewabbel. So jedenfalls fasste es Sören Kierkegaard auf: »Die Angst lähmt nicht nur, sondern enthält die unendliche Möglichkeit des Könnens, die den Motor menschlicher Entwicklung bildet.« Das wusste auch Winston Churchill: »Nichts im Leben löst ein größeres Hochgefühl aus als beschossen und nicht getroffen zu werden.« Und auch der Göttinger Psychologe und Angstexperte Borwin Bandelow meint: »Angst ist das Superbenzin für Erfolg.« Angst erzeugt im Positiven eine Wachheit und eine

Spannung, die bei Auflösung hochgradig Endorphine freisetzt. Manch einer behauptet sogar: Glück ist eine Überwindungsprämie. Auf der anderen Seite kann Angst aber auch bremsen und komplett in die Defensive drängen.

Die Amerikanerin Susan Jeffers hat in ihrem Buch *Feal the Fear – but do it anyway* einen Mechanismus freigelegt, der der Angst nicht ihre antreibende Kraft nimmt, aber hilft, sie soweit im Zaum zu halten, dass sie als produktive Energie nutzbar gemacht werden kann. Hierzu hat sie die Angst zunächst einmal in vier unterschiedliche Typen ausdifferenziert, von denen die ersten drei Typen sind, bei denen die Angst eher eine negativ hemmende Wirkung hat (pain) und nur der vierte Typ derjenige ist, bei dem die Angst potenziell ihre energetisierende Wirkung (power) entfaltet. Die ersten beiden Arten der Angst sind dabei die situationsorientierten. Man kann Furcht haben vor dem, was passiert – vor dem Altern, vor dem Alleinsein, vor Unfällen, vor dem Wandel, vor Krankheit oder dem Verlust der finanziellen Sicherheit. Zudem kann man auch Furcht haben vor dem, was man selbst tun muss – also etwa vor dem Treffen von Entscheidungen, vor dem Beenden einer Beziehung, vor dem Autofahren, vor Intimität oder auch vor dem Sprechen vor Publikum. Die nächste Art der Angst liegt schon auf einer anderen Ebene und betrifft das eigene Bewusstsein, das Ego, was sich dann wiederum deutlich auf die gesamte Angstsituation auswirkt, also auch auf die ersten beiden Typen. Hier geht es um die Furcht vor Ablehnung, vor Hilflosigkeit, vor Versagen, vor Imageverlust, davor, verletzt zu werden.

Doch alle drei Arten werden noch von einer vierten Art der Angst ergänzt. Diese Angstform ist diejenige, die einen wirklich in ein Gefängnis sperrt, die einen lähmt, einen bremst und einen gefangen hält. Und diese Angst ist die, mit etwas nicht umgehen zu können, nicht damit fertig zu werden (»I can't handle it!«). Die Angst davor, ein Problem nicht lösen zu können, wenn es auftaucht, kann noch viel stärker paralysieren als die bloße Angst vor dem Problem. Sie ist deshalb die Angstform, die einem am stärksten die Freude am Leben verderben kann. Umgekehrt ist sie aber auch der Schlüssel, um Angst umzuwandeln in Antrieb, in Ehrgeiz, in Überzeugung. Denn wenn ich es hinbekomme, dass ich das Gefühl habe, mit all dem klarzukommen, wovor ich Angst habe, verändert sich meine Angst zu etwas anderem und verliert ihren gefangennehmenden Charakter.

»Auf dem Grund jeder deiner einzelnen Ängste verbirgt sich ganz einfach die Angst, nicht mit dem umgehen zu können, was immer dir das Leben so bringt«, so Jeffers. Sprich: Man kann die anderen drei Angst-Typen auch ganz einfach übersetzen in die Angst davor, nicht damit klarzukommen, dass ich krank werde, nicht damit klarzukommen, dass ich meinen Job wechseln muss, dass ich versage, dass ich eine Beziehung beenden muss, dass ich vor Publikum sprechen muss, dass ich abgelehnt werde. »Die Wahrheit ist: Wenn du wüsstest, dass du mit allem umgehen könntest, was dir im Leben passiert, was hättest du dann überhaupt noch zu fürchten? Die Antwort ist: nichts!«

Wollen Unternehmen also Mitarbeiter haben, die wirklich bereit sind, Fehler zu machen, die sich voll einbringen, dabei aber vollkommen sie selbst bleiben, die offen und kreativ die Zukunft gestalten, dann müssen sie eine Atmosphäre des »We can handle it!« schaffen. Denn nur wenn dieses gemeinsame Gefühl besteht, werden Probleme als notwendige Wegstücke des Wachstums angesehen und wird dem Wunsch nach persönlichem Wachstum ein goldener Boden bereitet. An den Erfolg des Großen glauben, daran, dass man die Kathedrale auch wirklich gemeinsam bauen kann, das ist die Grundvoraussetzung, den Bau auch wirklich in Angriff zu nehmen. Wir erinnern uns alle an den unglaublichen Erfolg eines völlig unbekannten, farbigen Präsidentschaftskandidaten, der mit der Kampagne »Yes, we can« die gesamte Welt für einige Monate in eine solche Atmosphäre versetzt hat. Auf eine ganz andere, viel ruhigere, verbindlichere Art schafft es auch Angela Merkel immer wieder, eine Stimmung der Zuversicht zu vermitteln mit Sätzen wie »Wo ein Wille ist, ist auch ein Weg«, »Klug aus der Krise«, »Ich bin die Kanzlerin aller Deutschen« oder »Ich diene Deutschland«. Gerade in einem instabilen, zunehmend weniger voraussehbaren Weltgeschehen scheint es auch bei Politikern eine der entscheidenden Fertigkeiten zu sein, das Gefühl »We can handle it!«

zu vermitteln, während die wandelgeplagten Unternehmen heute oft-mals das Pendel angsteinflößend stark in die von ihnen so genannte »Sense of urgency«-Richtung ausschlagen lassen, in die »Absolute-Dringlichkeit-sonst-Exitus«-Richtung.

Um von der Angst zur Überzeugung zu gelangen, ist es entscheidend, ein grundlegendes Umdenken zu vollziehen, das man als Wechsel vom Karten-Handeln zum Kompass-Handeln kennzeichnen könnte. Ein Beispiel: Als früher die Menschen mit dem Auto mehrere tausend Kilometer in den Urlaub nach Spanien oder Italien gefahren sind, haben sie sich vor Reiseantritt erst einmal schlau gemacht, Straßenkarten aus dem Wohnzimmerschrank gekramt und oft mehrere Stunden gebrütet, um den besten Weg über Autobahn, Landstraße und die günstigsten Rastmöglichkeiten zu sondieren. Guter Plan, gute Reise. Spätestens beim ersten längeren Stau allerdings hat dann ein verzweifelter Beifahrer mit den riesigen ausgeklappten Straßenkarten auf dem Schoß größte Probleme gehabt, den sauber ausgearbeiteten Plan so zu verändern, dass das Ziel ohne lange Wartezeiten zu erreichen war. Manche Unternehmen agieren auch heute noch nach diesem Karten-Paradigma, wenn sie über viele Monate dezidierte Businesspläne, Zehnjahrespläne und darauf abgestimmte langfristig festgezurrte Budgetzuteilungen entwickeln und sich wundern, dass durch plötzlich auftauchende neue Konkurrenten oder kurzfristige gravierende Marktveränderungen ihre Pläne in Windeseile Makulatur sind.

Für die Urlaubsfahrt in den Süden greifen wir mittlerweile wie selbstverständlich auf unser Navigationssystem zurück, das nicht nur den Vorteil hat, dass unsere Vorbereitungs- und Planungszeit auf null zusammengeschrumpft ist, sondern auch den, dass mit Streckenänderungen, Staubildungen und unvorhergesehenen Rastplatzsuchen besser umzugehen ist. Mit neuen Apps wie Waze (verfolgt den Verkehrsfluss anhand der Anzahl und Bewegung eingeschalteter Handys) und daraus resultierenden Möglichkeiten der Verkehrsprognose wird das Gefühl von »Egal, was die Fahrt bringen mag – I can handle it!« noch weiter bestärkt. Damit sind wir beim Kompass-Paradigma der Unternehmensentwicklung. Statt ein riesiges Gerüst von Planzahlen, Prognosen und Langzeitvorhaben zu bauen, das durch Aufwand und Soll-erfüllung immensen Druck erzeugt, wird nun ein innerer Kompass im Sinne eines gemeinsamen Geistes genutzt und ein präzises Navigationssystem, das einem sagt, wo man gerade steht. Der Anreiz zum Handeln wird nicht mehr durch äußeren Druck ausgelöst, sondern durch eine innere Überzeugung. Durch den Glauben und den Willen zum Erfolg wird die Angst zu einem Gegner, dessen Bekämpfung große Energien freisetzt.

Unternehmen, die von Überzeugung getragen werden statt von Angst, mögen den Wandel, mögen die Herausforderung und fordern die Zukunft. Bei Facebook etwa hängen überall in den Gängen Plakate mit der Frage »Was würdest du tun, wenn du keine Angst hättest?« Diese vom Ritter Sir Lancelot geborgte Frage öffnet das Tor der Möglichkeiten und führt den Mitarbeiter auf die existenziellen Gründe zurück, die Überlegung, ob er hier überhaupt im richtigen Unternehmen sitzt und was eigentlich der Sinn des Ganzen ist. Stellen Sie sich vor, Sie stehen vor einer wichtigen Entscheidung. Und bevor Sie diese treffen, stellen Sie sich noch einmal ganz bewusst die Frage: »Was würdest du (eigentlich) tun, wenn du keine Angst hättest?« Vermutlich hätte jeder in seinem Leben einiges anders gemacht, wäre er zu einer ehrlichen Antwort auf diese Frage gekommen. Zumindest wären mutigere, kreativere, sinnzentriertere Handlungen das Ergebnis solcher Selbstbefragungen gewesen. Und genau diesen Umstand macht sich Facebook hier zunutze. Denn durch die Omnipräsenz dieser Frage fördert Facebook den Umstand, dass nur Mitarbeiter da sind, die auch wirklich da sein wollen, und dass diese sich sehr bewusst bei ihrer Arbeit für Möglichkeiten entscheiden, von denen sie wirklich überzeugt sind, statt dass sie nur in vorauseilendem Gehorsam gegenüber dem äußeren Druck agieren. Ähnlich verfährt der Hotelier Dietmar Müller-Elmau, der in seine Entscheidungen ein für ihn zentrales Mantra aufgenommen hat – nicht in Form einer Frage, sondern eines »guten« Vorsatzes, der ihm Orientierung gibt: »Wenn ich jemals scheitern sollte, dann will ich mir wenigstens sagen können, dass ich zu weit gesprungen bin, nicht zu kurz.«

»Man kann die Welt einteilen in Erfolgssucher und Misserfolgsvermeider.«

Ein Gespräch über die Kraft von Visionen mit Hans-Otto Schrader, dem Vorstandsvorsitzenden der Otto Group.

Herr Schrader, wie ist Ihr Verhältnis zu Visionen?

Für die Otto Group und mich selbst habe ich Visionen immer als Vorstellung verstanden, als Bild eines Zustandes in einem vor mir liegenden Zeitraum. Auf was wollen wir uns als Unternehmen zubewegen – im Sinne eines Zielbildes mit den Aspekten der Leistungsfähigkeit, der Kultur, des Umgangs der Menschen miteinander, aber auch des Erfolgs in den Märkten, in denen wir aktiv sind? Die Vision gibt hier eine Orientierung, sie bündelt unsere Kräfte. Andere Unternehmen verstehen Vision zum Teil völlig anders. Ich war einmal in Seattle bei Boeing, deren Vision nur aus einem einzigen, sicherlich schönen, aber dennoch etwas phrasenhaften Satz besteht: »Building the Legend«.

Beinhaltet dieses Verständnis auch schon den Visionär und das Visionäre, im Sinne eines Sprengens üblicher Vorstellungen?

Das würde ich unterscheiden. Eine Vision kann jeder bilden, der das Engagement hat, der die Wichtigkeit sieht und auch die kognitiven Fähigkeiten dazu besitzt. Ein Visionär ist ein eher seltener Mensch, der die Fähigkeit hat, sich Dinge vorstellen zu können, die andere nicht oder noch nicht erkennen. Diese Menschen verfügen über ein besonderes Maß an Fantasie und Vorstellungskraft. Das sind etwa Erfinder oder auch Menschen, denen man Genialität nachsagt.

Ist aber nicht gerade das Visionäre in einer Gesellschaft mit einer enorm schnellen Wandlung des Marktes erfolgsentscheidend?

In der Tat wird die Fähigkeit, visionär zu denken, heute immer wichtiger, weil es eine enorme Leistungsverdichtung gibt. Vor allem aber, weil es die sehr verbreitete Denkhaltung des »Benchmarking« gibt: Man beobachtet sein Umfeld, seine Wettbewerber im Streben nach Imitation. Hier kann der Visionär enorme Wettbewerbsvorteile generieren. Er versucht jedoch nicht das, was viele tun, nachzuahmen, nur etwas besser, schneller oder preiswerter. Visionär zu sein, heißt hier vielmehr: vor anderen auf ganz neue Ansätze zu kommen, mit denen man sich eine Zeit lang einen Vorsprung verschaffen kann – bis der nächste Visionär kommt.

Liegt im Visionären also die Heimat der Gestaltungskraft?
Wenn man in sehr grober Vereinfachung Fähigkeiten von Menschen unterscheidet in solche, die lieber mit dem Taschenrechner arbeiten und solche, die das lieber mit dem Buntstift tun, gehört der Visionär ganz sicher zu den zweiten, indem er die Welt nach seinen Vorstellungen zeichnet und sich ausmalt. Doch arbeiten sehr viel mehr Leute mit dem Taschenrechner.

Liegt das daran, dass an unseren Schulen und Universitäten zu wenig Fantasie gefördert wird?
Nach dem, was ich mitbekomme, ist das so. Wir trainieren unsere Ratio, im Sinne von logischem, plausiblem Denken. Die Ratio ist allerdings eher hinderlich, wenn man visionär denken will. Dann muss man eher andere Fähigkeiten haben.

Warum nehmen wir diese Art von rationalem Denken dann im Vergleich so wichtig, wo doch das Visionäre ein zunehmend bedeutsamer Erfolgsfaktor ist?
Es ist, wie es ist, weil viele Menschen Ängste haben, mit ihren Visionen zu scheitern. Solange man sich im Mainstream bewegt und das tut, was die meisten tun, ist man in seiner Reputation nicht gefährdet. Damit hebt man sich nicht hervor, was die meisten auch nicht wünschen. Nach meiner Erfahrung versuchen Menschen in der Regel systematisch auszuschließen, dass sie scheitern.

Das hört sich an, als wären die Visionen in einer Art Büchse der Pandora. Alle haben sie, aber lassen sie aus Angst nicht heraus.
Es gäbe sicher mehr Visionäre, wenn es weniger Furcht geben würde. Ich versuche, in meinem Leben immer auf einige grundlegende Werthaltun-

gen zu achten, und eine der fünf für mich wichtigsten ist Mut. Visionäres Denken setzt den Mut voraus, dass nicht jede Vision, die man verfolgt, mit Erfolg verknüpft sein kann. Ich meine: Man kann die Welt einteilen in Erfolgssucher und Misserfolgsvermeider. Dabei kann ich mir nicht vorstellen, dass Misserfolgsvermeider jemals über Visionen verfügen.

Im Headquarter von Facebook hängen Plakate, auf denen die Frage steht: »Was würdest Du tun, wenn Du keine Angst hättest?« Wie schaffen Sie es, Ihre eigene Angst zu mindern, um das Visionäre zu stärken?
Ich bin schon lange mit der Frage beschäftigt, warum ich selbst sehr wenige Ängste habe. Ob das an meinen Eltern lag, an meinem Umfeld, ich weiß es nicht. Ich bin natürlich besorgt, aber Ängste, die mich behindert haben, Dinge zu tun, hatte ich nie.

Ist diese Angstreduziertheit ein wichtiger Baustein Ihres Erfolges?
Ich glaube, dass das eine gute Voraussetzung dafür ist, langfristig erfolgreich zu sein. Man kann ein bestehendes Geschäftsmodell über viele Jahre immer weiter kontrolliert pflegen und optimieren, aber irgendwann wird man von einem aggressiveren Wettbewerber abgehängt, der den Mut hatte, große Sprünge zu machen und disruptiv zu sein.

Wie verhält es sich bei der Otto Group? Versuchen Sie dort, das Angstniveau zu beeinflussen?
Natürlich. Achtsamkeit ist eine weitere der fünf Haltungen, die mir wichtig sind. Zu diesem Zweck spreche ich permanent mit vielen Menschen meines Umfeldes, um etwa mitzubekommen, wie viele Ängste im Unternehmen vorhanden sind, bei welchen Mitarbeitern, in welchen Situationen und in welchen Phasen. Dem versuche ich gezielt entgegenzuwirken, indem ich erstens versuche, sehr viel Klarheit darüber herzustellen, was wir erreichen wollen. Wenn Menschen wissen, wohin es geht und weshalb man bestimmte Entscheidungen trifft, selbst wenn es harte sind, hilft das, Ängste einzugrenzen. Das zweite ist, durch eine dauerhafte Kommunikation zu vermitteln, dass man auch Misserfolge hat, wenn man etwas wagt, dass man es aber trotzdem wagen muss und deshalb noch nicht die berufliche Zukunft gefährdet ist. Und drittens versuche ich, bestimm-

tes vorbildhaftes Verhalten zu zeigen, indem ich Dinge wage, obwohl ich selbst noch nicht so genau weiß, ob das funktionieren wird.

Wenn es funktioniert, verstärkt sich dann die visionäre Kraft?
Unbedingt. Da muss ich dann manchmal auch umgekehrt darauf achten, dass Menschen im Unternehmen nicht zu waghalsig werden. Sie kennen ja die Aussage: Erfolg füttert Erfolg. Viele Manager mit zwei, drei triumphalen Erfolgen neigen aber dazu, so viel Risiken einzugehen, dass die Wahrscheinlichkeit des Misserfolgs sehr groß wird.

Man könnte doch eine Arbeitsteilung im Unternehmen einführen – mit ein paar verrückten Visionären auf der einen Seite und einigen Bremsern auf der anderen.
Ich würde immer den Weg über die einzelnen Leute gehen, sonst denken alle zu sehr in Vorurteilen: Da ist der Oberkreative und wir müssen wieder die Arbeit machen, die Businesspläne ausrechnen, das zusammenkehren, was der umgestoßen hat. Hierdurch entfernen sich die Parteien immer weiter voneinander. Das ist für den sozialen Frieden, für die Gemeinschaft im Unternehmen eher hinderlich. Wenn man Menschen hat, die beides vereinen – die Fähigkeit, visionär zu denken, und die Fähigkeit, dies auch noch auf den Weg zu bringen – dann ist das fabelhaft. Ich suche nach diesen Menschen. Es gibt nur sehr wenige von ihnen. Sie sind unsere Schätze, auf die wir sehr aufpassen.

Müssen wir Ihrer Meinung nach bei der großen Wandlungsgeschwindigkeit der Wirschaft heute eher neue Wege der Langfristigkeit und Durchhaltefähigkeit oder Methoden der Angstbewältigung und Visionsförderung finden?
Ich denke, wir werden immer stärker in eine Haltung des Sowohl-als-auch kommen. Man wird in bestimmten Situationen, Geschäftsmodellen und Märkten sehr unterschiedlich agieren. Hat man es mit einer hohen Wettbewerbsintensität zu tun und ist gezwungen, Entwicklungen in großen Sprüngen voranzutreiben? Oder habe ich etwas in einem Segment, dass es sich lohnt zu bewahren, das ich hüte wie einen Schatz, an dem ich möglichst wenig verändere? Es wird immer weniger zielführend zu sagen: Alles neu, schnell, anders. Ich glaube, es ist wichtig, einen Kern zu

bewahren, Werte, für die ein Unternehmen steht, etwa Kundenorientierung. Dazu gilt es, zusätzliche Werte zu schaffen, die einen Händler wie uns attraktiver machen.

Allerdings ändern sich im Distanzhandel, dem Kernbereich der Otto Group, seit einigen Jahren gravierend die Regeln. Wie kann man da überhaupt den Schalter von Bewahren umlegen auf Innovation?

Die allerwichtigste Voraussetzung ist es, seine Mitarbeiter mitzunehmen, so dass man es schafft, sie zu einer großen, notwendigen Veränderung zu bewegen. Dazu muss man sich zunächst Gedanken machen, wie man diese Mitarbeiter erreichen kann. Hier sind ganz unterschiedliche Dinge möglich: von Workshops und Seminaren bis zu Großveranstaltungen. Die Leitfragen dabei sind: Wie kriegt man die Mitarbeiter dazu, zu verstehen, dass das jetzt eine lohnenswerte Ausrichtung ist? Und wie bringe ich sie dazu, das als *ihr* Ziel anzunehmen und nicht als eines, das von der sechsten Etage verordnet wurde? Reine Rhetorik erkennen Mitarbeiter sofort als Mogelpackung. Am allerbesten erarbeitet man die Zukunft daher offen mit ihnen gemeinsam. Das ist nach meiner persönlichen Erfahrung der beste Weg, zu neuen Ufern aufzubrechen.

Wie nehmen Sie in dieser Hinsicht die vielzitierten Unternehmen des Silicon Valley wie Google & Co. wahr?

Man fährt sehr gut damit, zu gucken, wie die Dinge, die Google tut, die Welt verändern und wie sie das eigene Geschäftsmodell fördern oder bedrohen können. Die sind so unglaublich innovativ und so beseelt davon, die Welt zu einer besseren zu machen, dass man ihnen gegenüber sehr achtsam sein muss. Mehr sollte man aus meiner Sicht aber nicht tun, weil die Gefahr sonst sehr groß ist, dass man seinen eigenen Kurs verliert und seine eigene Identität zu sehr in Frage stellt. Hier würde dem Benchmarking ein viel zu hoher Wert beigemessen. Auch Google macht sein Ding – und zwar nur sein Ding.

8. Transparenz – Das Große sichtbar halten.

Beim Bau einer Kathedrale kann eines schon einmal leicht in Vergessenheit geraten: der Bau der Kathedrale. Am Anfang ist man noch voller Ideale und klarer Vorstellungen darüber, wie das Ganze nachher
einmal aussehen soll. Doch mit der Zeit beginnt man sich stärker auf
das Alltägliche zu fokussieren, sich mit den einzelnen Arbeitsschritten zu beschäftigen: Wo müssen die gerade angekommenen Steine
abgeladen werden? Was hatte der Bauleiter gestern noch zur Absiche-
rung nach außen gesagt? Wer hilft mir gleich beim Säcketragen? Und:
Wer hat eigentlich heute Abend die Spätschicht? Oftmals kommen
dazu auch noch Themen, die die Arbeitsbedingungen betreffen: Hatte die Wettervorhersage nicht für diese Woche katastrophale Regen-
güsse vorhergesagt? Wenn wir jetzt schon so weit im Zeitplan hinter-
herhinken, muss ich dann meinen Urlaub abblasen? Was provoziert
mich der Typ aus der anderen Arbeitsgruppe eigentlich dauernd? Oder:
Wäre es nicht toll, man könnte sich seinen Chef selber aussuchen?
Irgendwann findet man sich dann in einer Blase aus Alltagsproblemen
und sich wiederholenden Routinen wieder, die den Blick auf das Na-
heliegende und Kurzfristige beschränkt.
Unternehmensphilosophien der Zukunft wirken dieser Kurzsichtig-
keit entgegen, indem sie für Transparenz sorgen – und zwar auf allen
Ebenen. Hier geht es nicht nur darum, sich permanent vor Augen zu
halten, was das Große ist, an dem alle gerade zusammen arbeiten.
Hier geht es darüber hinaus auch darum, jederzeit zu sehen, wie die
Fortschritte sind, was noch alles zu tun ist und was geändert werden

muss, um dem Ziel auf noch bessere Weise näher zu kommen. Transparenz ist in gewisser Weise das moderne Navigationssystem für Unternehmen. Es zeigt an, wo der Verkehr flüssig läuft, welche Routen es gibt, wo demnächst Staus zu erwarten sind und wie man sie am besten umfährt. Sehr plastisch wird dies am Beispiel Fußball, weil an ihm die Wirkungen von wachsender Transparenz momentan gut sichtbar werden. Nachdem vor Jahren noch sehr auf Intuition und einfache Spielsysteme gesetzt wurde, besteht mittlerweile ein großes Instrumentarium, mit dessen Hilfe für Übersicht, Klarsicht und Durchsicht gesorgt wird. Das fängt an mit einem computerbasierten Scoutingsystem, das Talente schon ab einem Alter von zehn, elf Jahren erfasst. Auch über den Marktwert von Spielern weltweit kann sich heute jeder Interessierte auf Plattformen wie transfermarkt.de informieren. Jeder Spieler wird heute gewissermaßen durchleuchtet und gescant, die Ergebnisse werden laufend protokolliert: Neben seinen Laktatwerten und Trainingsplänen wird so auch sein genaues Spielverhalten aufgenommen: Wo hat er sich während des letzten Spiels wann und wie oft aufgehalten? Wie viele Pässe hat er gespielt? Wie viele davon sind angekommen? Wie viele Sprints gab es? Wie viele Kilometer ist er insgesamt gelaufen? Wo eine Mannschaft steht, ist nicht nur am Stand in der Tabelle abzulesen. Vermittelt auch durch umfassende Berichterstattung über Spielsysteme und Taktiken sowie durch detaillierte Statistiken ist permanent präsent, welcher Spieler was macht und worauf er damit reagiert. Auch der Geist der Vereine wird im Sinne eines Corporate Spirit zunehmend greifbar gemacht. So entwarf Johan Cruyff den »totalen Fußball« für den FC Barcelona, dessen Philosophie schon lang mit dem Motto »Mehr als ein Verein« charakterisiert wird. Ähnliches findet sich auch bei Borussia Dortmund mit »Echte Liebe«, beim 1. FC Köln mit »Spürbar anders« und beim FC Bayern mit »Mia san mia«. Transparenz ist ein entscheidender Faktor für die Führung von Unternehmen heute, da sie nicht nur die Grundbedingung für den Umgang mit Komplexität darstellt, sondern durch sie zudem überhaupt erst ein eigenverantwortliches Verhalten von Mitarbeitern ermöglicht wird. In den durchhierarchisierten Maschinenunternehmen der Vergangenheit musste der Einzelne nichts über das Ganze wissen, da er unabhängig davon seinen speziellen Job nach seiner speziellen »Job Description« zu leisten hatte. Der Arbeiter am Fließband, der mit der immer gleichen Handbewegung eine Schraube einzudrehen hatte, musste nicht unbedingt wissen, an welchem Eisenbahnwaggon er gerade werkelte, was dieser im Gesamtzusammenhang des Unternehmens bedeutete und welcher Sinn sich damit für die Menschen und ihre zunehmende Mobilität verband. Es genügte die beschränkte Sicht auf die Schraube, alles andere hatte ihn nicht zu beschäftigen.

Heute hingegen ist einerseits deutlich mehr Transparenz erreichbar, denn es ist – siehe Fußball – immer einfacher, Daten zu sammeln und zugänglich zu machen. Andererseits ergibt sich daraus auch ein Mehr an Durch-, Über- und Umsicht, das heißt: Transparenz hilft Mitarbeitern, sich zu emanzipieren. Fragen wie »Wo wollen wir eigentlich hin?« »Was ist mein Beitrag?« »Wo stehen wir heute?« »Was sollte ich jetzt tun, was verändern?« sind heute – zumindest theoretisch – jederzeit zu beantworten. Und das wiederum bedeutet, dass Mitarbeiter dann auch selbst und eigenständig entscheiden, was sie für richtig halten und ob sie den gemeinsamen Weg so mitgehen wollen.

Sind der persönliche Leistungsstand und die Wirkungen und Ergebnisse des eigenen Handelns transparent, gibt es Kollegen-Feedback und ist ein Abgleich von Fremd- und Selbstbild jederzeit möglich, bedeutet dies in einem durch den gemeinsamen Geist geprägten Gesamtgebilde für jeden Einzelnen die Chance, sein Wirken selbst zu steuern und zu bestimmen. Die Kehrseite der Transparenz, die hier keineswegs verschwiegen werden sollte, ist die Gefahr des Missbrauchs. Wer offen ist, ist auch verletzlich. Und es besteht eine immense Sorgfaltspflicht im Umgang mit der Transparenz, damit die teilentmündigende Maschinenorganisation nicht durch eine entindividualisierende Beobachtungs- und Sozialdruckorganisation ersetzt wird, die gnadenlos das sanktioniert, was den Unternehmenszwecken zuwiderläuft. Hierin besteht mit Sicherheit eine der größten Herausforderungen moderner Unternehmen und ihrer Philosophien. Welchen Platz findet Toleranz in einem transparenten System? Und wie kann man den Schutz der Privatheit sichern? Der amerikanische Schriftsteller Dave Eggers hat in seinem Roman *The Circle* die Gefahren dieser Entwicklung eindrucksvoll aufgezeigt.

Ein Unternehmen, das derzeit wie kein anderes mit diesen Fragestellungen konfrontiert wird, ist Google. »Das Ziel von Google ist es, die Informationen der Welt zu organisieren und für alle zu jeder Zeit zugänglich und nutzbar zu machen«, so lautet die offizielle Sinn- und Missionsbeschreibung von Google. Hierzu hat das Unternehmen Google zehn Grundsätze aufgestellt, die einen klaren Handlungsrahmen für den Bau der »Informationskathedrale« festlegen. Sie sind auf der Google-Seite für jeden offen zugänglich und lauten *(der auf der Homepage jeweils folgende erklärende Abschnitt ist von mir zusammengefasst)*:

1. Der Nutzer steht an erster Stelle, alles Weitere folgt von selbst.
    (Nutzerinteresse kommt vor Unternehmensinteresse)
2. Es ist am besten, eine Sache so richtig gut zu machen.
    (Alles für die Verbesserung der Suchfunktion)
3. Schnell ist besser als langsam.
    (Nutzer sollen die Google-Seite nur so kurz wie möglich besuchen)
    Demokratie im Internet funktioniert.
    (Nutzer bestimmen durch ihr Verhalten die Inhalte und Suchergebnisse selbst)
4. Man sitzt nicht immer am Schreibtisch, wenn man eine Antwort benötigt.
    (Ein Hoch auf die Mobilität)
5. Geld verdienen, ohne jemandem damit zu schaden.
    (Prinzipien zur Trennung von Werbung und Inhalten, etwa deutliche Kennzeichnung, keine Pop-ups etc.)
6. Irgendwo gibt es immer noch mehr Informationen.
    (Ziel ist es, den Nutzern alle weltweit verfügbaren Informationen zugänglich zu machen, nicht nur die im Netz verfügbaren)
7. Informationen werden über alle Grenzen hinweg benötigt.
    (Alle Länder, alle Sprachen, barrierefrei, mit Übersetzungen)

8. Seriös sein, ohne einen Anzug zu tragen.
   (Die richtige Unternehmenskultur als beste Basis für innovative und kreative Ideen)
9. Gut ist nicht gut genug.
   (Permanentes Hinterfragen und Unzufriedenheit mit dem gegenwärtigen Stand der Dinge als die treibende Kraft, die hinter allem steht, was Google tut)

Um die Informations-Missions-Formel von Google und die zugeordneten zehn Grundsätze hat Google eine Kultur aufgebaut, die das Unkonventionelle zum Programm erhoben hat. Dies habe ich selbst erleben können, als ich die Firma in Mountainview besucht habe. Der langgestreckte Campus, über den die Mitarbeiter mit Fahrrädern in den Google-Farben von einem Termin zum nächsten brausen, bietet nicht nur Volleyball-Plätze, Schwimmanlagen, Poolbillard-Tische, mannsgroße Mobiltelefone und bunte Kantinenlandschaften, ins Auge fallen vor allem die unkonventionellen Skulpturen wie zum Beispiel ein riesiges Dinosaurierskelett, das umringt ist von zig rosa Plastikflamingos. Aufmerksamkeit erregen auch die vielen Fotos vom Burning Man-Festival, zu dem alljährlich zehntausende Menschen in die Wüste von Arizona kommen, um für eine Woche in einer riesigen, eigens aufgebauten Zelt-Stadt »The Zone« zu zelebrieren. Auf die Frage, warum die vielen Bilder von Burning Man aufgehängt seien, war die Antwort, dass dieses Festival ein absolutes Vorbild für die Kultur von Google sei, weshalb auch jedes Jahr die Mitarbeiter eingeladen würden, daran teilzunehmen. Nun muss man wissen, dass die Festival-Idee aus einem Werk des russischen Filmemachers Andrej Tarkowski geboren ist. In seinem Film *Stalker* erzählt er von einer Zone, die vermutlich durch einen Meteoriten-Absturz entstanden ist und in der alles Wirklichkeit wird, was man sich überhaupt nur vorstellen und wünschen kann. Burning Man versucht genau diesen Ort nachzuempfinden und diesen Zustand herzustellen. Jeder, der am Festival teilnimmt, bringt etwas mit, das er mit den anderen dort austauscht. So entsteht eine kleine Welt ohne Geld, dafür mit viel Kunst, mit Verkleidungen, Tantra-Workshops und Performances der Cacophony Society, dazu mit allen Arten bewusstseinserweiternder Mittel, mit Party, Musik und Sand ohne Ende. Für kurze Zeit wird eine organisierte Anarchie gelebt, eine Welt in Selbstbestimmung, die sicher zu erklären hilft, warum das Unternehmen seit Jahren unangefochten die Nummer Eins unter den attraktivsten Arbeitgebern weltweit ist.

Zukunftsfähige Unternehmen sind wie Geistesgemeinschaften (und nicht wie Zweckgemeinschaften). Sie machen zu jeder Zeit und an jeder Stelle ihren Geist bewusst und bringen ihn zum Leben. Das können sie von den großen erfolgreichen Bewegungen in der Geschichte der Menschheit lernen. Man denke etwa an die Aufklärung und die Forderung nach dem mündigen Menschen, der sich aus seiner selbst verschuldeten Unmündigkeit befreien muss. »Habe Mut, dich deines eigenen Verstandes zu bedienen« – so das wirkmächtige Diktum von Immanuel Kant dazu. Zusammen mit Aufklärern wie Voltaire oder Diderot hat Kant einem Sieg der Vernunft über die Metaphysik, den Aberglauben und Herrschaftszwänge aller Art den Weg geebnet. Er hat Licht im Dunkel verbreitet und die Möglichkeiten und Grenzen der Vernunft für die Nachwelt transparent gemacht. »Hinter Kant kann man nicht mehr zurück« ist heute fast schon ein geflügeltes Wort in Philosophieseminaren. Oder man denke an Rudolf Steiner, der mit seinem Motto »Erziehung zur Freiheit« ein völlig neues pädagogisches Konzept entwickelt hat, das deutlich macht, was Kinder aus seiner Sicht wirklich brauchen und wie man es ihnen zukommen lassen kann.

Ein gemeinsamer Geist ist die Verbindung von Rationalität und Emotionalität sowie von Individualität und Sozialität. In ihm vereint sich das Denken mit dem Fühlen sowie der Einzelne mit der Gemeinschaft. Man findet ihn in der Form des Zeitgeistes wie in der des Teamgeistes, eines Führungsgeistes oder eben auch eines Unternehmensgeistes. Er kondensiert Werte und Bedeutungen und ist eine Art Gravitationszentrum der gemeinsamen Kultur. Ihn transparent zu machen und zu halten, ist demgemäß einer der wichtigsten Hebel gemeinsamer Begeisterung. Hierfür braucht es Feedback-Schleifen, Spiegelungsmechanismen, die Arbeit mit Vorbildern, gemeinsames Zelebrieren und eine Versinn-bildlichung in unterschiedlichster Form.

Denn es ist gut und wichtig, dass jeder zu jeder Zeit weiß, woran er ist und warum und wofür das zu tun ist, was gemacht werden soll. Transparenz ist also im Unternehmenskontext der Zukunft per se positiv zu bewerten. Allerdings stellt sich bei der Entwicklung in Richtung maximaler Transparenz immer wieder die Frage, ob nicht irgendwann auch der Bogen überspannt werden kann. Im schon erwähnten Roman *The Circle* entwirft Dave Eggers ein Szenario, in dem durch die Bewegung zur Transparenz jedwedes Geheimnis abhanden kommt und jede Information für ewig gespeichert wird. Irgendwann könnten alle alles über alle wissen und erfahren und nichts würde jemals vergessen. Doch was passiert dann mit uns?

»Wer sich mehr Zeit wünscht, wünscht sich eigentlich mehr Selbstbestimmung«

Ein Interview über den Umgang mit Zeit – mit Wilhelm Schmid, dem Geschäftsführer des Uhrenherstellers A. Lange & Söhne

Herr Schmid, welche Bedeutung hat Zeit für Sie?

Ich halte Zeit für den größten Luxus, den man in Industriegesellschaften noch bekommen kann. Ich habe lange in Afrika gelebt. Da stellt Zeit eine ganz andere Dimension dar als bei uns. Eine klassische Redewendung dort ist, dass wir die Uhren haben, aber die Afrikaner die Zeit. Während Zeit bei uns etwas ist, in das Aktivitäten gepackt werden, hat man in Afrika den Eindruck, dass Leben in die Zeit gepackt wird. Das ist der große Unterschied zwischen sehr entwickelten Industrienationen und Ländern, bei denen die Entwicklung der Industrialisierung noch nicht weit fortgeschritten ist.

Bei einem Vergleich der beiden Kulturräume könnte man auf den Gedanken kommen, dass durch unsere Vorstellung von Zeit auf vielen Feldern mehr erreicht wird. Wird Zeit zu einem knappen Gut gemacht, scheint das den Erfolg anzutreiben.

Ich befürchte, dass Sie da recht haben. Allerdings wird hierdurch auch etwas Wichtiges aus unserer Welt verdrängt. Ich habe mit 15 Jahren eine Lehre als Kfz-Mechaniker im Betrieb meiner Eltern gemacht. Wenn ich heute dort zu Besuch bin, sehe ich auf den ersten Blick, wie fundamental sich vieles in den letzten 30 Jahren verändert hat. So war früher freitagnachmittags immer Putzen angesagt und das war eine Zeit, in der auch gern mal ordentlich Unsinn gemacht wurde. In der Mittagspause wurde oft Fußball gespielt. Das alles ist heute vollkommen undenkbar. Für mich stellt sich bei dieser Entwicklung aber schon die Frage, wie schnell man das Hamsterrad überhaupt drehen kann. Wann ist die Beschleunigung nicht mehr mit mehr Leistung verbunden, sondern nur noch mit höherem Verschleiß?

Klingt da die Sehnsucht nach einem anderen Zeitumgang mit?

Der Mensch strebt immer nach dem, was er nicht hat. So wie ganz Afrika nach dem Wohlstand strebt, den es nicht hat, strebt unser Wohlstand nach dem Luxus der Zeit. Dabei hoffe ich nicht, dass wir einmal so viele Arbeitslose haben werden, dass es auf diese Weise wieder Zeit im Überfluss gibt.

Was aber macht den Luxus der Zeit aus? Warum sehnen wir uns überhaupt so danach?

Ich glaube, dass viele Menschen einen grundsätzlichen Wunsch nach Selbstbestimmung haben. Selbstbestimmung hat etwas mit verfügbaren Ressourcen zu tun und die einzige Ressource, die jeder Mensch von sich aus hat, ist Zeit. Wer sich also mehr Zeit wünscht, wünscht sich eigentlich mehr Selbstbestimmung.

Bedeutet das im Umkehrschluss, dass wir heute zunehmend fremdbestimmt sind, durch die Art, wie wir mit Zeit umgehen?

Die Globalisierung hat dazu geführt, dass das Wettbewerbsfeld viel größer geworden ist. Früher fand der Wettbewerb zwischen Marktteilnehmern mit einer ähnlichen Kultur statt, also zwischen Nordrhein-Westfalen und Bayern oder auch zwischen England, Frankreich und Deutschland. Heute haben wir einen Wettbewerb aller Nationen, etwa mit China, Indien, Pakistan, Brasilien, Argentinien, Südafrika. Wo früher ein Wettbewerb der Gleichgesinnten stattfand, existiert heute ein Wettbewerb zwischen ganz unterschiedlich Denkenden, eine Konkurrenz vollkommen unterschiedlicher Geschwindigkeiten. Ich glaube, dass dieser Umstand zu einer enormen Erhöhung der Taktzahl geführt hat.

Was macht im Vergleich dazu die Zeitauffassung des Uhrmacher-Unternehmens A. Lange & Söhne aus?

Wir entziehen uns dem Zwang, indem wir nicht industrialisieren. Dadurch gewinnen wir Zeit im Vergleich zu vielen anderen Branchen und Marktteilnehmern. Allerdings können auch wir uns nicht vollkommen den allgemeinen gesellschaftlichen Bedingungen versagen. Auch wir müssen sehen, dass es mit der Marke und dem Unternehmen bei aller Traditionsbetrachtung langfristig immer weitergeht. Auch wir haben natürlich nicht den Luxus, stehen bleiben zu können.

Umgekehrt scheint Ihr Unternehmen nicht alle Mechanismen des Marketing auszureizen, um noch schneller noch mehr zu wachsen.

Diese Firma gibt es seit 169 Jahren und außer einer Zwangsenteignung zwischendurch konnte bislang nichts ihren Erfolg stoppen – kein Weltkrieg, keine Inflation, nichts. Ein Grund dafür ist, dass wir schon immer auf den langen Zeitraum ausgerichtet waren und nicht auf das kurzfristige Maximieren und Optimieren von Profiten.

Ist es auch das, was Ihre Kunden suchen, wenn sie eine Ihrer Uhren erstehen: die Ausrichtung am Langfristigen in der kurzfristigen Welt?

Die Kunden kaufen sicherlich eine Geschichte, eine Tradition, ein Versprechen und ganz entscheidend: Sie kaufen etwas für sich. Fast alle haben ein hohes Verständnis von dem, was sie da erwerben. Das ist keine Zufallsentscheidung, sondern ein Kauf nach langer Vorbereitung und Aufklärung.

Welche Rolle spielt hier die Sehnsucht nach Selbstbestimmung? Erwirbt man mit dem Kauf Ihrer Uhren das Gefühl, Herr über seine Zeit zu sein?

Schon, doch gilt dies für so gut wie alle feinen Uhren. Dieser Anachronismus, den eine feine mechanische Armbanduhr darstellt, ist nicht nur für unsere Marke in Anspruch zu nehmen. Dem Kauf solcher Uhren liegt übergreifend die Sehnsucht von reichen Menschen nach Entschleunigung zu Grunde. Das steht außer Frage. Sie kaufen Kunst. Sie freuen sich daran, dass die Uhr einen Teil ihrer Persönlichkeit widerspiegelt. Brauchen tut eine solche Uhr heute eigentlich kein Mensch mehr. Schließlich gibt es Handys, Computer, überall hängen Uhren herum. Man kann sich der Zeit ja gar nicht mehr entziehen.

Was macht Ihre Uhren dann anders?

Wenn Sie eine unserer Uhren in die Hand nehmen, werden Sie feststellen, wie schwer die sind. Das ist so gewollt, da dies die Solidität demonstriert, die man mit dem Deutschen verbindet: etwas sehr Werthaltiges. Dazu kommt die Genauigkeit, die Tragbarkeit. Es ist nicht selbstverständlich, dass eine Uhr in der Preisklasse wassergeschützt bis 3 ATM ist. Wir machen das, weil wir wollen, dass die Uhren auch getragen werden. Die sind nicht für den Safe.

Wie vermitteln Sie Ihre Markenphilosophie jenen, die Ihre Marke noch nicht kennen?

Wir haben gar nicht den Anspruch, die Marke für jeden bekannt zu machen. Wenn wir aber Menschen ansprechen wollen, die schon vom Thema mechanische Uhren begeistert sind, haben wir es relativ einfach. Wir können uns den Luxus erlauben, zu sagen: Wir sind da, komm und besuch uns!

Die meisten Unternehmen denken eher umgekehrt. Sie fragen die Kunden, was sie sich wünschen, entwickeln ihre Produkte entsprechend und testen das Entstandene dann auf dem Markt.

Wir taugen eben nicht für das Marketingfachbuch. Bei uns gibt es keine Marktforschung. Bei der Produktentwicklung gibt es auch keine Konsumentengruppen. Da halten wir uns grundsätzlich an gar nichts. Und das meine ich nicht arrogant. Wir machen so wenige Uhren, dass wir die so gut wie möglich machen können und nicht so, wie sie vielleicht dem ein oder anderen gefallen.

Welche Haltung steckt dahinter?

Die Haltung, sich selbst treu zu bleiben und nicht jedem Zeitgeist hinterherzulaufen. Als etwa die Goldpreise stark gestiegen sind, gab es natürlich auch bei uns Stimmen, die fragten, warum wir so schwere Gehäuse aus Gold oder Platin bauen müssen. Da muss man schon die Kraft aufbringen, zu erkennen, dass diese Person kurzfristig recht haben mag, dass das aber langfristig etwas Entscheidendes wegnehmen würde, für das wir stehen und das uns ausmacht.

9. Partizipation – Das Große gemeinsam verwirklichen.

Partizipation heißt Beteiligung, Teilhabe, Teilnahme, Mitwirkung, Mitbestimmung, Mitsprache, Einbeziehung. Für unseren Kontext können wir es noch passender übersetzen damit, *aktiver* Teil von etwas Großem zu sein. Durch Identifikation fällt es mir leicht, mich als Teil von etwas Großem zu fühlen. Die Überzeugung gibt mir die Möglichkeit, daran festzuhalten, meine Angst davor zu überwinden. Und Transparenz erlaubt mir Orientierung, ist ein gemeinsamer innerer Kompass, ein gemeinsames Navigationssystem, das das gesamte Unternehmen durch die Zeiten steuert bei seinem und durch sein Projekt, das Große zu verwirklichen. Partizipation schließlich verbindet das große Projekt mit den vielen kleinen Schritten, die von Einzelnen oder einzelnen Gruppen im Rahmen des Großen und für das Große gemacht werden. Hierdurch laden sich die kleinen und das große Projekt gegenseitig auf, die Organisationsform kann fluider werden und sich in Richtung Bewegung entwickeln. Entscheidend für das Unternehmen ist es, eine Kultur der Begeisterung zu schaffen, die dem Wirken aller den gemeinsamen Geist einhaucht, die nicht nur eine Identität, einen Sinn stiftet, sondern diese Identität auch zu einer Aufgabe macht, an der alle mitarbeiten und für die sich alle einbringen sollen. Teil von etwas Großem zu sein, bedeutet eben nicht nur, etwas zu bekommen, etwas zu nehmen, sondern auch, etwas zu geben, mitzugestalten, sich in die Verantwortung zu begeben. Aber wie schafft es ein Unternehmen, eine solche Kultur der Begeisterung um den geistigen Nukleus herum zu entwickeln? Wie kann ein Unternehmen ein Bewusstsein für sich selbst, für seine Ideen und seinen Weg schaffen?

Die Antwort auch auf diese Frage lässt sich an der Funktionsweise sozialer Bewegungen und Geistesgemeinschaften sehr gut nachvollziehen. Der Grundmechanismus ist dabei relativ simpel und seit Jahrtausenden derselbe. Er besteht in der Versinnlichung, darin, den gemeinsamen Geist an Dingen und in Handlungen auszudrücken und fassbar zu machen. Hierdurch wird das, was den Geist ausmacht, im Alltag sichtbar, wiederholbar und emotional aufladbar. Das Implizite wird explizit, regt auf, reißt mit oder macht einfach nur deutlich. Der berühmte Ägyptologe und Kulturforscher Jan Assmann hat dafür den Begriff des kulturellen Gedächtnisses geprägt und diesen auf die verschiedenen Kulturkreise und -zeiten angewandt. Für ihn stellt dieses kulturelle Gedächtnis die Grundlage allen gemeinsamen Geistes, seiner Ausbreitung und seines Fortbestandes dar: »Ebenso wie ein Individuum eine personale Identität nur kraft seines Gedächtnisses ausbilden und über die Folge der Tage und Jahre hinweg aufrechterhalten kann, so vermag auch eine Gruppe ihre Gruppenidentität nur durch Gedächtnis zu reproduzieren. Der Unterschied besteht darin, dass das Gruppengedächtnis keine neuronale Basis hat. An deren Stelle tritt die Kultur: ein Komplex identitätssichernden Wissens, der in Gestalt symbolischer Formen wie Mythen, Liedern, Tänzen, Sprichwörtern, Gesetzen, heiligen Texten, Bildern, Ornamenten, Malen, Wegen, ja – wie im Falle der Australier – ganzer Landschaften objektiviert ist.«

Ob es sich bei den Gruppen um die Freimaurer, um einen Stamm in Zentralafrika, um die Hells Angels, um Nike, Adidas oder Puma handelt, ist nicht entscheidend. Der Grundmechanismus gilt immer und für alle: »Ideen müssen versinnlicht werden, bevor sie als Gegenstand ins Gedächtnis Einlass finden können.« Als ein Beispiel nennt Assmann hier das Christentum, das um den Nukleus des »Opfertodes des menschgewordenen Gottes« mit Kirchen, Gedenktafeln, der Bibel, heiligen Stätten, den Sakramenten, den sonntäglichen Messen, dem Papst als Stellvertreter Gottes auf Erden und vielen, vielen anderen

Versinnlichungen eine Kultur der Begeisterung im Sinne einer breiten und tiefen Objektivierung geschaffen hat. Die permanente Wiederholung und Vergegenwärtigung in immer wieder neuen Variationen und Iterationen schafft die Konstruktion einer eigenen Wirklichkeit, die für alle Teilnehmer und Mitglieder bindend und verbindlich wirkt. Sie schafft zugleich Orientierung und Vertrauen und hilft hierdurch, den inneren Kompass aktiv in das alltägliche Agieren einzubauen.

Unternehmensphilosophien der Zukunft schaffen genau dies durch eine bewusste Steuerung. Sie bleiben nicht bei rationalen Absichtserklärungen stehen, sondern nutzen die gesamte Klaviatur der Sinne und des Geistes, um die Mitarbeiter am Bau der gemeinsamen Kathedrale aktiv mitwirken zu lassen. Sie schaffen eine spezifische Corporate Identity, eine sinnlich wahrnehmbare Identität. Sie arbeiten mit einem Corporate Spirit und bringen ihn zum Leben, indem sie ihn in Handlungen und Materie übersetzen. Sie etablieren ein Kulturmuster und reproduzieren dieses gemeinsam mit unterschiedlichsten Instrumenten und Elementen. Doch wie funktioniert diese Objektivierung, die Versinnlichung dabei genau? Wie etabliert man denn ein Kulturmuster, ganz praktisch gesehen? Schauen wir uns hierzu zunächst mit den Surfern ein aktuelles Beispiel einer Geistes- und Begeisterungsgemeinschaft an und vergleichen wir dieses mit Vice, einem aktuellen Unternehmensbeispiel, um festzustellen, wie Partizipation und Inspiration bewusst für die gemeinsame Sache eingesetzt werden kann.

Die Surfkultur schafft es seit vielen Jahrzehnten, Menschen zu faszinieren. Das Surfen führt alle drei Aspekte der Identifikation zusammen und öffnet sie in Richtung Einbeziehung und Mitwirkung. Surfen ist etwas Großes, weil es ein hohes Maß an Passung, an Bedeutung und an Perspektive liefert und weil jeder an diesem Großen partizipieren kann, wenn er sich dafür entscheidet. Umgekehrt lebt die Surfkultur davon, dass sich viele und immer wieder neue Menschen dafür entscheiden. »Der Ritt auf der Welle ist der treffende Ausdruck für die Beziehung zwischen dem Menschen und der rhythmischen Kraft der Natur. Es ist die tiefe Unmittelbarkeit dieser Begegnung, die den fast universellen Reiz des Surfens ausmacht«, so wird der Nukleus, *stoked* zu sein, beim Surfen im gleichnamigen Buch umschrieben, Darin wird sehr deutlich gemacht, worin der Glaube, die Überzeugung des Surfers liegt, womit er sich identifiziert, was ihn genau fasziniert, was das Surfen zu seinem Element macht und was durch unterschiedlichste Elemente und Instrumente versinnlicht und objektiviert wird.

Stoked zu sein, integriert die hawaiianische Herkunft, das mystische Surferlebnis in seiner besonderen Naturnähe und ein freies, nomadisches Lebensideal mit dem kalifornischen Traum. Hierdurch erhält dieser »State of Life« und »State of Mind« eine enorme Bedeutung, da er weit darüber hinausgeht, im Wasser auf einem Brett zu stehen und sich von einer Welle nach vorne treiben zu lassen. »Wellen werden in Stufen der Angst gemessen«, so lautet ein klassischer Surf-Aphorismus, *Endless Summer* der Titel eines der bekanntesten Surffilme. Die gesamte Musik, die Mode, die Zeitschriften, die Bars, die Boards, die Literatur, die Wettbewerbe und die Idole übersetzen die Philosophie der Surfer in Realität. Sie machen fassbar und transparent, was das Surfen ausmacht und was es zu etwas Großem macht. Und sie schaffen eine sinnbildliche Perspektive für das eigene Leben und Handeln: von einer Welle durch das Schicksal getragen zu werden. »Es gibt einen Gott, der unsere Ziele verwirklichen hilft, auch wenn wir sie selbst noch nicht genau kennen«, sagt ein früher Werbespruch für eine Surfmarke und der eine oder andere Surfer vergleicht sein ganzes Streben im Leben gerne mit der Suche nach der perfekten Welle.

Geistesgemeinschaften und Bewegungen nutzen Zeichen, spezifische Orte, klare Regeln, Mode, Marken, Literatur und Zitate, um Menschen zu bewegen. Sie schaffen Produkte, Namen, Events, Tagungen, Trainings und eigene Tänze, um ihre Philosophie greifbar zu machen und die Partizipation an ihrer Verwirklichung zu ermöglichen. Da kann schon der Umzug in ein Großraumbüro dem Wunsch nach einer anderen Form der Zusammenarbeit entsprechen und die Vereinheitlichung der Firmenwagen die Abkehr vom Hierarchiedenken einläuten. Was sagt das, was ein Unternehmen von sich gibt, über das Unternehmen und seine Identität aus? Auf welche Philosophie zahlt das, was ein Unternehmen unternimmt, eigentlich ein?

Nehmen wir das Beispiel Vice, inzwischen ein weitverzweigtes Medienuniversum und in Anbetracht der großen Probleme klassischer Verlage mit Sicherheit ein Vorbild in vielerlei Hinsicht. Vice startete vor über 20 Jahren als subversives Underground-Magazin in Kanada mit dem Titel *Voice of Montreal*. Später siedelte der Verlag nach New York über und machte aus der *Voice* ein *Vice*, was so viel wie Laster oder Untugend bedeutet, aber auch entgegen (against). Schon in diesem Begriff wird deutlich, dass Vice wie fast alle anderen Bewegungen und Geistesgemeinschaften eine klare Abgrenzung vornimmt zur Umgebung. Jede Bewegung ist in gewisser Weise eine Gegenbewegung, sie schließt sich ein Stück weit gegen ihre Umwelt ab und schließt damit ein, was sie antreibt. Das war bei den Hippies so (eine Anti-Kriegs- und Anti-Muff-Bewegung). Das ist bei Slow Food so (Anti-Fast Food). Das ist bei den Surfern so, für die Nat Young proklamierte: »Surfers are members of a different race of people from the man in the street«, ähnlich wie Phil Edwards bekannte, dass alle Nichtsurfer von ihnen als »Legionen der nicht in Schwung Gebrachten« bezeichnet werden. Und das ist natürlich auch bei den Hells Angels nicht anders, die sich selbst als »One Percenter« bezeichnen, in Anspielung auf die Aussage einer Motorradvereinigung anlässlich eines Motorradtreffens in Hollister am Unabhängigkeitstag 1947, bei der es hieß, dass 99 Prozent aller Motorradfahrer friedliebende normale Bürger und nur ein Prozent gewaltbereite Idioten und schwarze Schafe sind.

Vice gehört nicht unbedingt zur Gruppe der »One Percenter«, doch weist schon die Herkunft aus der Punk-Bewegung eine »rebellische« Richtung aus. Entsprechend trat das Magazin von Anfang an gegen Konventionen ein und gegen den Mainstream auf. Mit einem Themenmix aus Drogen, Sex und Subkultur agitierte das Blatt gegen die klassischen Medienmechanismen wie Objektivität, Fakten, Tradition und Distanz zum Gezeigten und zum Leser und stand mit diesem selbst so benannten »immersiven Journalismus«, dem eintauchenden Journalismus, in einer Linie mit dem New Journalism oder dem Gonzo-Journalismus eines Hunter S. Thompson: mittendrin, radikal subjektiv, erzählerisch und rebellisch. Aufbegehren gegen vorgefertigte Einschränkung, Einengung und Vereinnahmung, Einstehen für Freiheit, für mehr Unabhängigkeit, für mehr Individualität. Otto Dix hatte das Bild des »unverdünnten Lebens« geprägt, der Entgrenzung des Lebenstriebs, des Auslebens des Unterdrückten und Verdrängten und dazu Matrosen, Schausteller und Hafendirnen gemalt.

Auch *Vice* setzt auf eine extreme, ungeschönte, schonungslose Darstellung dessen, was sonst selten oder auch gar nicht gezeigt wird. Das Magazin berichtet zum Beispiel über den Besuch einer Modenschau auf LSD, eine Präsentation von essbaren Sex-Utensilien, hat preisgekrönte Syrien-Reportagen gemacht, für die die Reporter in die Lebensbedingungen der Bevölkerung eintauchten. Auch Nervenkitzel, Action, überraschende Perspektiven und das Spiel mit Dilettantismus gehören zum Standardrepertoire, um radikale Echtheit zu demonstrieren. Mit dieser Philosophie und ihrer konsequenten Umsetzung ist der selbst ernannte »definitive Guide zur Erleuchtung durch Information« inzwischen zu einem weltweiten Leitmedium gegenwärtiger Jugendkultur geworden mit mehreren Tausend festen und freien Mitarbeitern und mehreren Hundert Millionen Euro Umsatz.

Die eigene *Vice*-Ästhetik, die spezielle Sprache und die entsprechenden Medienrituale wurden mittlerweile in unterschiedlichste Kanäle und Formate übersetzt, so dass die *FAZ* erstaunt zusammenfassen musste: »Zum Unternehmen Vice Media gehören ein Verlag, eine Marketingagentur, das Musiklabel Vice Records und die Filmproduktionsfirma Vice Films, die erfolgreiche Dokumentarfilme wie *Vice Guide to Travel* oder *Heavy Metal in Baghdad* produziert hat. Diese laufen nicht nur auf dem eigenen Internetsender – dessen Kreativchef der Filmemacher Spike Jonze war –, sondern auch bei renommierten Sendern wie HBO.« Kein Wunder, dass Rupert Murdoch sich mit über 50 Millionen Euro an Vice Media beteiligt hat und der Unternehmenswert inzwischen auf geschätzte 2,5 Milliarden Euro angestiegen ist. Vice hat nicht nur eine glasklare Philosophie, mit der sich viele identifizieren können. Vice schafft es vor allem, Millionen Jugendliche in das Unternehmen einzubinden, durch eigene Beiträge, durch Verbreitung in den sozialen Medien, durch Empfehlungen, durch interaktive Nutzung. In diesem Sinne hat das Medienunternehmen alle Merkmale einer Bewegung, was seine Zeitgemäßheit ebenso erklärt wie die Kultur der Begeisterung, die von ihm ausgeht, und folglich auch sein exponentielles Wachstum.

»Das Ziel muss es sein, Innovationen zur Routine zu machen.«

Ein Interview über eine gemeinsame Kultur der Erneuerung mit
Dr. Annette Winkler, CEO von Smart

Frau Dr. Winkler, warum misslingen Innovationen in Unternehmen eigentlich so oft?

Oft fehlt es an Mut! Innovation wird immer getrieben von Unzufriedenheit. Entweder mit etwas Bestehendem, das man verbessern will oder mit etwas, das einen herausfordert, weil es in der Zukunft Probleme erwarten lässt. Und immer wenn es um die Zukunft geht, muss man Neuland betreten – und experimentieren. Das heißt, dass man erst einmal sehr viele Ideen braucht, von denen man die meisten wieder zur Seite legen muss, um zum Schluss einige wenige übrig zu behalten, die einen wirklich nach vorn bringen. Es ist ganz einfach: Ohne den Mut zu scheitern gibt es keine Innovation.

Wie stellt sich das bei Ihnen dar? Welche Erfahrungen haben Sie bei der Marke Smart mit Innovationen gemacht?

Für mich zählt all das zur Innovation, was das Bestehende auf eine Art in Frage stellt, dass wirklich neue Antworten entstehen. Der Smart etwa hatte von Beginn an einen Innovationsfaktor in seiner DNA. Man hat hier sehr früh eine Herausforderung im Bereich der Mobilität erkannt, die sonst zu der Zeit kaum gesehen wurde. Es ging darum, das Auto neu zu erfinden – und zwar so, dass es der »Herausforderung Stadt« gerecht werden kann.

Für mich ist es aber ebenso eine Innovation, ein neues Führungskonzept zu etablieren oder im bestehenden Auto ein neues Sicherheitskonzept zu installieren. Man kann innovativ sein in der Art seiner Mitarbeiteransprache und daraus ergeben sich dann wieder ganz andere Innovationen. Insofern ist die entscheidende Frage für mich stets: Wie gelingt es mir, im Unternehmen Innovation als Haltung aufzubauen?

Woher weiß man denn, ob das, was man in Frage stellt, für die Menschen auch wirklich relevant ist und die Innovation somit Erfolg versprechend?

Man muss sich einfach sehr intensiv mit der Situation auseinandersetzen, in der man sich befindet. Dann fallen einem die großen, relevanten Themen auf. Bei Smart sind das beispielsweise: Urbanisierung, Individualisierung, Platzmangel, Zeitmangel, Nachhaltigkeit, das Drei-Liter-Auto, Elektroautos ... Und dann gibt es da eben Unternehmertypen, die irgendwann einen starken Impuls verspüren, weil sie genau zuhören und sich ausgiebig mit diesen Themen beschäftigen. Aus diesem Impuls heraus sehen sie dann etwas voraus, von dem sie sagen: Hierzu brauchen wir unbedingt das passende Produkt! Das Problem ist meiner Meinung nach, dass wir an dieser Stelle heute einen großen Mangel haben: Die Führungspersönlichkeiten nehmen sich zu wenig Zeit, um sich tiefgehend mit der Situation, die ihre Firma betrifft, auseinanderzusetzen. So nehmen sie sich allerdings auch die Chance, durch solche Impulse zum Schwingen gebracht zu werden. Das ist nicht nur bei Managern so, auch in der Wissenschaft, in der Kirche, und auch im politischen Bereich ist das nicht anders. Ein Musikinstrument funktioniert jedoch auch nur, wenn es neben der Saite zum Spielen auch einen Hohlraum, einen Resonanzkörper hat. Die Zeit zum Denken war und ist für Gründer, Erfinder und Innovatoren absolut maßgeblich. Das wird heute leider häufig vergessen.

Doch auch der Impuls zur Erneuerung allein reicht noch nicht, um eine Innovation wirklich erfolgreich umzusetzen.

Natürlich nicht. Dazu gehört ebenso die Fähigkeit, den Impuls in ein Team zu tragen und diesem ebenfalls genügend Freiraum zu geben, ihn umzusetzen. Zugleich gehört es aber auch dazu, Routinen zu etablieren, ohne die jede Innovation scheitern würde. Der Unternehmer muss erst ein Bild vor Augen haben, eine Vorstellung von seinem Unternehmen und dem Weg, den es gehen soll. Dann muss er seine Mitarbeiter mitnehmen, damit sich diese Vorstellung multipliziert. Beim Smart ging es etwa nicht nur darum, ein Produkt zu definieren und zu fragen: Wie kriege ich jetzt einen Motor und ein Getriebe in die 2,69 Meter hinein – was übrigens auch schon eine großartige, oft unterschätzte Ingenieursleistung ist. Es ging zugleich auch um viel weiter führende Fragen: Wie setze ich diese

Leistung fort in der Produktion, im Vertrieb und in der Unternehmenskultur, damit das Ganze schließlich eine Art Perpetuum mobile wird und Innovation zu einer Normalität?

Wie verträgt sich ein solch langfristiges Innovationsdenken mit dem heute allgegenwärtigen wirtschaftlichen Anspruch auf kurzfristigen Erfolg?

Das ist sicher eine der ganz großen Herausforderungen. Unter dem Strich leben wir natürlich davon, dass ein Unternehmen profitabel ist, dass es Gewinne macht. Deshalb muss man als Unternehmer auch nach einem definierten Zeitraum beweisen, dass es nachhaltig wirtschaftlich ist, die Innovation weiter zu unterstützen und immer weiter daran herumzudenken. Hier bedarf es einer weiteren unternehmerischen Leistung, nämlich der, andere davon zu überzeugen, dass die Zeit für ein Produkt auch wirklich kommen wird. So war der Smart als Innovation sicher etwas früh dran – aber andererseits auch nicht zu früh, denn alles, was für die Marke vorausgesagt worden ist, ist ja tatsächlich eingetreten. Entsprechend fühlt sich das Smart-Team bis heute verpflichtet, das Auto auch weiterhin zu einem großen Erfolg zu machen, weil Daimler hier wirklich einen langen Atem bewiesen hat. Ähnlich verhält es sich heute bei dem Carsharing-Projekt »Car2Go«: Auch hier gibt es natürlich ein paar Jahre Anlauf, bis es in den ersten Städten profitabel läuft. Auch bei diesem Projekt hatten viele anfangs Fragen oder Zweifel. Zugleich gibt es aber immer auch Innovationen, bei denen man irgendwann ehrlich zugeben muss, dass sie nicht funktionieren.

Woher weiß man denn, ob eine Innovation funktioniert oder nicht? Wann sollte man noch unbedingt durchhalten und wann sagen: Jetzt ist Schluss?

Diese Frage kann man sicher nicht einfach beantworten. Hier kommt eine Kombination aus Hirn und Fingerspitzengefühl zur Geltung, aus unternehmerischer Kraft und strategischer Weitsicht, dies irgendwann zu erkennen. Natürlich kann man heute auch vieles errechnen. Es wäre fahrlässig, nur zu sagen: »Ich glaube an den Smart und habe da ein echt gutes Bauchgefühl.« Ich muss mir die Städte heute genau ansehen, muss anhand bestimmter Kriterien definieren, wie sie sich entwickeln und was das für den Smart zahlenmäßig bedeuten kann. Gibt es Parkplatzprobleme? Ist die Stadt umweltaffin, individualistisch, kulturell vorausdenkend? Da sehe ich schnell, dass San Francisco beispielsweise eine ideale Stadt für den Smart darstellt. Dann kann ich insgesamt Potenziale errechnen und sehr schnell feststellen: Das kann funktionieren oder das hat keine Chance. So können wir sehr realistische Voraussagen treffen. Es gibt heute eine große Wissenstransparenz. Trotzdem ist der Glaube an ein Produkt, eine Marke, die eigene Überzeugung ebenfalls ein entscheidender Faktor, ohne den es nicht geht.

Wie entsteht der Glaube an eine Innovation und wie kann sich diese Überzeugung in einem ganzen Team verbreiten?
Jedes Unternehmen braucht so etwas wie eine Vision, so etwas wie eine große Idee. Man kann auch schlicht sagen: ein übergeordnetes Ziel, das kurz und prägnant formuliert werden kann, andere begeistert und einfach zu verstehen ist. Im Sport ist das oft der Wunsch, die Nummer eins zu werden – relativ simpel. Beim Smart ist es der Anspruch, *die* Marke für urbane Mobilität zu sein. Wenn die Leute an Mobilität in der Stadt denken, sollen sie an Smart denken. Und dann gibt es heruntergebrochen unter diesem großen Ziel noch verschiedene andere Ziele: Wir wollen das beste Auto für die Stadt bauen. Wir wollen zu diesem Auto die besten Dienstleistungen anbieten. Wir wollen eine andere Lebensqualität in die Stadt bringen. Wir wollen die Kunden immer wieder zum Lächeln bringen. So gibt es etwa in jedem Smart einen Chip, mit dem man in städtische Parkhäuser kommt, ohne eine Parkkarte zu benötigen und so weiter. Wenn sie so ein klares Bild vor Augen haben, verändert das die Haltung, die Führung, die ganze Art des Unternehmens. Das kann man spüren, wenn man durch die Flure geht, wenn man mit den Menschen im Unternehmen spricht. Da entsteht dann eine Begeisterung, die wirklich ansteckt. Und man weiß irgendwann gar nicht mehr: Hat die Idee diese andere Kultur geschaffen? Oder ist die jeweilige Idee aus dieser Kultur entstanden? Auf diese Weise fangen auch die Mitarbeiter ungefragt an, darüber nachzudenken, wie man die Dinge noch besser machen kann.

Viele reden von einer Kultur des Querdenkertums als wichtige Voraussetzung für Innovation. Gibt es Möglichkeiten, eine solche direkt zu fördern?

Das Wichtigste am Querdenkertum ist ja erst einmal, dass die Leute überhaupt eine eigene Meinung haben. In vielen Organisationen ist es aber so, dass es dem Chef recht gemacht wird. Man überlegt sich erst einmal, was der wohl für eine Meinung hat, und leistet entsprechend vorauseilenden Gehorsam. Deshalb ist mein erster Tipp: Frage deine Mitarbeiter immer nach ihrer Meinung, bevor sie deine überhaupt kennen! In großen Organisationen kann das bei den Mitarbeitern schon einmal zu Schweiß auf der Stirn führen. Zudem ist es sehr wichtig, dass jeder erst einmal nur den Bereich verändert, den er selbst verantwortet, und nicht gleich die ganze Welt, weil das der beste Weg ist, letztlich auch ein Stück weit die Welt zu verändern. Zusätzlich ist es wichtig, die Unternehmenskultur zum ständigen Thema zu machen – im Leitungsteam, in allen Inhalten, den Führungsgrundsätzen, der Personalabteilung, im ganzen Unternehmen.

Führungsgrundsätze und Leitsätze gibt es ja in vielen Unternehmen. Meist stehen sie aber lediglich auf irgendeinem Papier in irgendeinem Ordner im Schrank. Wie schafft man es, dass sie tatsächlich gelebt werden?

Man muss sie selbst vorleben und über sie sprechen, immer wieder. Das ist das beste Prinzip. Das fängt bereits in unseren Geschäftsleitungssitzungen an, bei denen etwa keine Blackberrys erlaubt sind. Oder bei unseren regelmäßigen Mitarbeiter-Stammtischen ohne jede Verpflichtung, bei denen jedes Mal über 100 Leute statt der geplanten 20 kommen. Wenn ich hier von Innovation als Haltung spreche, meine ich auch eine »Kultur der Kleinigkeiten«. Ein schönes Beispiel ist ebenfalls unser vor drei Jahren installiertes Innovationsteam, das sich vorgenommen hat, eine bestimmte Anzahl konkreter Innovationen pro Jahr auch wirklich in Serie zu bringen. Solche Ziele und damit einhergehende Erfolgserlebnisse brauchen Sie einfach, da es sonst frustrierend für die Mitarbeiter sein kann, wenn immer nur Ideen entwickelt werden und nichts davon umgesetzt wird. Ein solches Team aus Entwicklern, Herstellern und Vertrieblern, die nebenbei ihren normalen Job machen, ist von großer Bedeutung, weil es im ganzen Unternehmen immer wieder daran erinnert, wie wichtig das Thema Innovation ist. Außerdem haben wir eine Innovationswerkstatt eingerichtet, in der wir einen völlig freien Raum haben, mit einem kleinen Amphitheater, viel Platz für Stellwände und einem tollen Team aus Trainern, die darin geschult sind, Innovationsprozesse zu fördern. Durch alle diese »Kleinigkeiten« wird im Unternehmen ein Bewusstsein für Innovation geschaffen und diese letztlich auch organisiert. Das Ziel muss es sein, Innovationen zur Routine zu machen!

10. Agilität – Das Große in die Zukunft führen.

Luc Boltanski und Ève Chiapello stellen in ihrem epochalen Werk *Der neue Geist des Kapitalismus* die Künstlerkritik am Kapitalismus als größten Treiber seiner Veränderung in den letzten Jahrzehnten dar: »Im Zentrum dieser Kritik steht der Sinnverlust und insbesondere das verloren gegangene Bewusstsein für das Schöne und das Große als Folge der Standardisierung und der triumphierenden Warengesellschaft.« Es geht in der Künstlerkritik darum, dass die Beschäftigten von Unternehmen seit Beginn der Industrialisierung in ihrer persönlichen Gestaltungslust und -fähigkeit weitgehend eingeschränkt wurden. Um den Anforderungen der vorgegebenen Arbeitsstrukturen gerecht zu werden, hätten sie ihr Potenzial größtenteils brachliegen lassen müssen. Seit Anfang der 1990er Jahre zeigt die Künstlerkritik nun aus Sicht der beiden Autoren durchschlagende Erfolge in Form einer raumgreifenden Ablehnung der Hierarchie und der daraus folgenden Emanzipation der Mitarbeiter. Sie konstatieren: »Die Menschen wollen heute weder Befehle empfangen noch Befehle erteilen.« In gewisser Weise hat also der Kapitalismus die Argumente seiner Gegner absorbiert und sie für seine eigene Weiterentwicklung eingebaut.

Dabei – und das ist der entscheidende Faktor für die Veränderungskraft der Künstlerkritik – ist es nicht nur so, dass die Mitarbeiter endlich mehr Freiraum zur Gestaltung bekommen. Viel entscheidender für die Durchsetzungskraft der Künstlerkritik ist, dass heute die bisher kaltgestellten Potenziale der Mitarbeiter eine enorme Bedeutung erhalten. Durch die von Boltanski und Chiapello diagnostizierte »obsessive Fixierung auf Anpassungsfähigkeit und Flexibilität« werden plötzlich die kreativen, die autonomen und die disruptiven Fähigkeiten der Mitarbeiter zum wichtigsten Erfolgsfaktor, denn nur sie garantieren jene Beweglichkeit und Agilität von Organisationen, die sie zum Überleben beziehungsweise zum Vorweggehen im Markt brauchen. So haben beide Seiten etwas von der neuen Entwicklung, weil für die Mitarbeiter die Starrheit am Arbeitsplatz gegenüber abwechslungsreichen und autonomen Tätigkeiten zurückgestuft wird und weil für die Unternehmen auf diese Weise ein enormer Zuwachs an Flexibilität und Veränderungsmöglichkeiten entsteht. Hierin besteht der Schlüsselfaktor für die gegenwärtige Entwicklung von Unternehmen weltweit und über alle Branchen hinweg: die Konvergenz von ökonomischer und kreativer Logik!

Die beiden Autoren erkennen durch die vorangeschrittene Globalisierung, den umwälzenden technischen Wandel und die digitale Revolution ein neues vorrangiges Ziel, nämlich »schlanke Unternehmen, die mit einer Vielzahl an Beteiligten vernetzt arbeiten, eine Arbeitsorganisation in Projekt- beziehungsweise Teamform, die auf eine Befriedigung der Kundenbedürfnisse abzielt, und eine allgemeine Mobilisierung der Arbeiter dank einer Vision ihrer Vordenker«. Die Konvergenz von ökonomischer und kreativer Logik schlägt sich dabei in den vielen neuen Prozessen und Strukturelementen nieder, die im Prinzip kaum einen Stein auf dem anderen lassen. Anfang der 1990er Jahre waren das, wie schon dargestellt, insbesondere Lean-Production, selbstständig arbeitende multidisziplinäre Teams, stetige Optimierung, eine kundenorientierte Herstellungsweise und Organisation und vieles andere mehr. Zentral für diese Prozesse ist nach Boltanski und Chiapello dabei die Zerschlagung klassischer Hierarchisierung zugunsten einer umfassenden Organisation über Projekte. Statt in festgeschriebenen, klaren, immer gleichen Abläufen und Routinen bewegt sich nach ihrer Meinung alles zunehmend in Richtung einer eher spontanen Organisation, bei der sich in unterschiedlichen Zeitabschnitten unterschiedliche Teams anhand aktuell entstandener

Aufgaben zusammenfinden, um diese ohne unbedingt festgelegte Methoden gemeinsam zu lösen. Das Projekt ist wie ein Knotenpunkt im Netz, der sich ebenso schnell auflöst, wie er sich gebildet hat: »Für eine befristete Zeit führt es die unterschiedlichsten Personen zusammen und präsentiert sich über eine relativ kurze Periode hinweg als ein Teilbereich des Netzwerks in hohem Aktivitätsstatus.«

Folgerichtig betitelt die Zeitschrift *OrganisitionsEntwicklung* über 15 Jahre nach Erscheinen von *Der neue Geist des Kapitalismus* das Heft 1/15 mit »Die neue Beweglichkeit – Hierarchie und Struktur überwinden« und konstatiert: »Netzwerke, Communities of practice, virtuelle Arbeitsgruppen, Co-Working Spaces: Diese Formen kollektiver Wertschöpfung pfeifen auf klassische Organisationsformen und Hierarchieverständnisse. Sie sind offen, agil, beweglich und vor allem für heranwachsende Generationen sehr attraktiv. Lassen sich diese Organisationsformen mit den uns bekannten Kategorien überhaupt noch greifen? Wie sehen die Organisationsprinzipien der Zukunft aus? Brauchen wir neue Spielregeln? In anderen Worten: Ist das das Ende der klassischen Organisation?«

Hiermit wird noch einmal deutlich, wie wichtig das gemeinsame Große, der gemeinsame Geist in einem Unternehmen ist, denn in ihm kulminiert die ökonomische und kreative Logik geradezu. Je offener und weniger festgelegt die Struktur über Projekte und Gruppen ist, desto entscheidender ist es, ein Gemeinsames zu haben, das alle im gleichen Sinn arbeiten lässt. Und je mehr dieser Sinn einer ist, mit dem sich alle identifizieren, von dem alle überzeugt sind, der allen transparent ist und an dem alle partizipieren können, desto mehr wird er zum großen Antrieb für die Mitarbeiter und zum großen Erfolgsfaktor für das Unternehmen. Ein Unternehmen erfolgreich in die Zukunft zu führen, heißt heute mehr denn je, es mit einem Sinn zu versehen, seine Seele in den Mittelpunkt allen Handelns zu stellen. Denn genau das ist die Voraussetzung dafür, dass es flexibel, dass es anpassungsfähig, dass es voranschreitend und marktgestaltend sein kann.

Ein Beispiel für die Agilisierung stellt die schon erwähnte Lean-Start-up-Bewegung dar, deren Grundlagen mittlerweile innerhalb weniger

Jahre weit über die eigentliche Szene von Neugründungen hinaus selbst in Großkonzernen Anwendung findet. Der Kern des Lean-Start-up-Vorgehens ist das sogenannte »validierte Lernen«: Statt allein auf eine Vermutung über die Bedürfnisse der Kunden und ein sie befriedigendes Produkt zu setzen, also auf eine unumstößliche Geschäftsidee, deren Roll-out dann lange und mit viel Aufwand vorbereitet und mit einem Bigbang in Szene gesetzt wird, entscheidet man sich von Anfang an für einen Prozess des schrittweisen Anpassens. Man setzt also nicht alles kasinoartig auf Rot, sondern wählt den Weg einer Lernkurve, die zwischendurch auch in eine völlig andere, vorher nicht prognostizierbare Richtung abbiegt. Im Grunde genommen bildet man eine Handvoll Hypothesen und fängt so schnell wie möglich an, Prototypen in den Markt zu bringen, um aufgrund des Feedbacks durch die Kunden dazu Veränderungen und Verbesserungen einzubringen, um das optimierte Ergebnis dann wiederum demselben Verfahren zu unterwerfen. Der zu durchlaufende Kreislauf wird dabei mit den drei Stufen »Build, Measure & Learn« umschrieben. Zuerst wird etwas gestaltet, das wird der Reaktion durch Kunden ausgesetzt, um daraus für die nächste Gestaltungsphase zu lernen. Auf diese Weise hangelt man sich in Richtung der tatsächlichen Bedürfnisse der Kunden und braucht dafür viel weniger Aufwand als bei der klassischen Bigbang/Roll-out-Variante. Denn um sich vor dem Risiko einer einseitigen Festlegung zu schützen, baut man im wahrsten Sinne auf ein »Minimum Viable Product«, einen gerade mal so funktionierenden Prototypen des Produktes, dazu auf ein A/B-Testing, bei dem verschiedene Versionen des Produktes gleichzeitig auf dem Markt positioniert werden (Version A und Version B), um zu sehen, was besser funktioniert, und hierdurch den Lerneffekt zu multiplizieren.
Die vielen Lernerfahrungen, die man durch den Build-Measure-Learn-Zyklus macht, führen entweder zu einer Bestätigung der zuvor getätigten Hypothesen, ihrem »Behalten« und »Bewahren« (»Preserve«), oder zu einer Veränderung, zu einem »Schwenk« (»Pivot«), welcher mitunter eine völlige Neudefinition des Geschäftsmodells nach sich ziehen kann. Dann kann aus einem Start-up, das Unternehmensver-

zeichnisse für das Internet anbieten wollte, schon einmal eines werden, das Verlage und Zeitungen dabei unterstützt, im Kleinanzeigenbereich erfolgreich zu sein – wie beim ersten Start-up von Elon Musk geschehen. Und wenn man sich fragt, was bei all der Ungewissheit über die Geschäftsfundamente, bei all den Schwenks und Lerneffekten überhaupt stabil bleibt und grundsätzlich orientiert, dann ist die Antwort: der Geist, der Sinn des Ganzen.

Letztlich kann man sich die Agilisierung wie das Spiel mit Legosteinen vorstellen, das nach dem Prinzip »erbauen, einreißen, wieder erschaffen, sich wandeln« funktioniert. Wörtlich übersetzt heißt Lego so etwas wie »gut spielen«, da der Firmenname ein Kunstwort ist, zusammengesetzt aus den beiden dänischen Wörtern »leg« (für Spiel) und »god« (für gut). Lego ist – wie jeder weiß – ein extrem einfaches Bau- und Spielsystem, bei dem man streng nach Plan vorgehen kann, man kann es aber auch durch eigene Fantasie und Spielerfahrung beliebig verändern, erweitern oder völlig neu gestalten. In beiden Fällen bleibt jedoch der Geist des Spiels, das »gute Spielen« mit den Bausteinen, bestehen. Insofern ist die Marke mit ihren Möglichkeiten zum einen ein schönes Modell für die heutige Wirtschaftsrealität. Zum anderen ist sie aber auch ein gutes Beispiel für die Wandlungsfähigkeit und Beweglichkeit, die Unternehmen heute aufweisen müssen, um ihr Überleben langfristig sicherzustellen.

Denn im Jahre 2004 war der Fortbestand in keiner Weise mehr gewährleistet. Der im dänischen Billund beheimatete Spielzeughersteller agierte völlig vorbei an den Bedürfnissen einer mit Computerspielen und einer nie dagewesenen Medienvielfalt aufgewachsenen Generation. Das Resultat waren enorme Defizite und eine Marke, deren Relevanz weitgehend durchs Raster gefallen war. Lego reagierte, indem der damals 35-jährige ehemalige McKinsey-Berater Jørgen Vig Knudstorp das Steuer übernahm und hierdurch »kein Klötzchen auf dem anderen blieb«, wie das *Handelsblatt* in der Nachbetrachtung formulierte. Eine seiner entscheidenden Erkenntnisse aus der Anfangszeit fasste Knudstorp in der von Starbucks-CEO Howard Schultz schon bekannten Redewendung, dass »die Seele von Lego« verloren gegangen sei. Also besann sich das Unternehmen fortan auf die Faszination der Bauklötze und führte ein Lizenzsystem ein, so dass alles, was nicht mit der direkten Produktion der Legosteine zu tun hatte, wie etwa Videospiele und Freizeitparks, ausgelagert werden konnte. Statt die teuren Entwicklungskosten selbst zu tragen, ließ Lego entwickeln und fuhr damit seine eigene Strategie von »Lean«.

Damit konnte sich Lego nunmehr voll und ganz seiner Kernkompetenz widmen, dem Bereitstellen von Material zum Aufbau von Fantasiewelten, zum »Bauen und Spielen«. Mit dem Unterschied, dass das Unternehmen nun durch die freigewordenen Ressourcen viel mehr und sehr viel differenzierter auf die Bedürfnisse der Kunden eingehen konnte. Nun wurde mit »Lego Friends« eine eigene Fantasiewelt für Mädchen etabliert, mit »Lego Architecture« eine für erwachsene Bauästheten, mit »Lego Star Wars« eine für junge Cineasten, und mit »Lego Creator«, »Lego technic«, »Lego Super Heroes« oder »Lego Ninjago« oder »Lego City« und vielen anderen wurde eine breite Auswahl für verschiedenste Zielgruppen angeboten. Dazu gibt es entsprechende Kinofilme, Bücher, Comics, Hörbücher und DVDs als Anregung und inzwischen auch »Lego Serious Play«, das Unternehmen spielerisch bei Entwicklungs- und Change-Prozessen helfen soll und damit genau den Mechanismus »erbauen, einreißen, wieder erschaffen, sich wandeln« – man könnte auch sagen: den »Build-Measure-Learn«-Zyklus – auf die kleinen bunten Bauklötzchen anwenden hilft. Kein Wunder also, dass David C. Robertson seinem Lego-Buch inzwischen den Titel *Imperium der Steine* geben konnte und dort mit Zahlen aufwartet, die den Erfolg des Unternehmens deutlich unterstreichen. So besitzt jeder Erdenbürger im statistischen Durchschnitt 80 Lego-Stücke, und jedes Jahr werden 36 Milliarden neue Bauklötze produziert, wobei man durchaus jeden davon als kleinen Botschafter des Lego-Spirit sehen kann.

Der Spirit macht ein Unternehmen zu dem, was es ist, und zu dem, was es sein kann. Dabei werden keineswegs die bestehenden »Big Five« der Unternehmensphilosophie – Qualität, Kundenorientierung, Innovation, Leidenschaft und Verantwortung – völlig ausgehebelt und ad acta gelegt. Doch zeigt sich an den vielen hier vorgestellten Unternehmensbeispielen und an den strukturellen Änderungen und den Änderungen der Mitarbeiterbedürfnisse, dass die fünf Kernpunkte nicht mehr ausreichen, um Unternehmen gegenwärtig erfolgreich in die Zukunft zu führen. Der Grund ist einfach: Die bisherigen Kernpunkte geben weder eine begeisternde Antwort darauf, wofür das Unternehmen eigentlich arbeitet, noch eine auf die Frage, wie es sich angesichts des sich enorm beschleunigenden Wandels schnell genug entwickeln kann, um nicht den Anschluss zu verpassen. Wer nicht mit der Zeit geht, geht mit der Zeit, heißt es inzwischen immer öfter. Tatsächlich trifft jedoch eher zu, dass jedes Unternehmen seinen ganz eigenen Weg finden muss, nicht nur, um mit der Zeit zu gehen, sondern auch, um mit der Zeit auf eine Weise umzugehen, die nicht in ein ständiges Hinterherrennen mündet, sondern ein souveränes Setzen eigener Akzente ermöglicht. Natürlich musste Lego etwas unternehmen, als die Computerspiele begannen, die Kinderzimmer zu erobern. Nur bestand der Lego-Weg eben nicht in einem vollständigen Richtungswechsel, zum Beispiel alleine zu eigenen Computerspielen, sondern in der Besinnung auf das gute Spielen und der Adaption dieses Grundsinns auf neue und ausdifferenzierte Kundenbedürfnisse.

Die ehedem stabilen externen Strukturen befinden sich in einem Verflüssigungsprozess, bei dem jedes Unternehmen aufpassen muss, nicht ins Schwimmen zu geraten. Die Veränderungen schlicht zu ignorieren funktioniert nicht, nachzuarbeiten aber ebenso wenig.

Deshalb braucht es zwingend einen inneren Antrieb, ein inneres Anliegen, das die grundsätzliche Richtung vorgibt und damit einen festen Halt durch eine stabile Haltung ermöglicht. Hierdurch werden Gestaltungsräume und Kundenattraktivität geschaffen. Vor allen resultiert hieraus eine echte Erfülltheit der Mitarbeiter, denen durch die Haltung, die Philosophie, den gemeinsamen Geist Überzeugung geschenkt wird, ein nachhaltiger Glaube an das, was sie tun. Das macht Unternehmen zur Bewegung. Andererseits wird durch dieses Commitment Kreativität freigesetzt und Eigeninitiative gefördert, damit eine deutlich stärkere Flexibilität und Reaktivität ermöglicht und also besseren Anpassungsmöglichkeiten der Weg geebnet. Das eröffnet Unternehmen eine völlig neue Dimension an Beweglichkeit.

Also muss es das erste Gebot für jedes Unternehmen der Zukunft sein, das Große zu gestalten, den Sinn zu finden, der der Organisation eine Seele verleiht, einen eigenen Geist gibt, um dann um diesen herum eine Welt zu bauen und immer wieder umzubauen. Das zweite Gebot ist, dabei unbedingt die aus vielen Unternehmens-Cases destillierten fünf Leuchtfaktoren zu beachten, die sicherstellen, dass der gemeinsame Geist voller Begeisterung von allen Beteiligten nach vorne getragen wird. Man kann es auch anders formulieren: Wenn alle der fünf folgenden Fragen von allen Beteiligten in einer für sie mehr als befriedigenden Art beantwortet werden können, werden sie – gleichgültig ob Führungskraft oder Mitarbeiter – mit an Sicherheit grenzender Wahrscheinlichkeit mit einem Leuchten in den Augen für den Erfolg dieses Unternehmens kämpfen und seine Flagge ganz hoch halten:

1. **Identifikation** – Wie sehr fühle ich mich als Teil von etwas Großem?
2. **Überzeugung** – Wie sehr glaube ich an den Erfolg des Ganzen?
3. **Transparenz** – Worin besteht unser innerer Kompass?
4. **Partizipation** – Wie und womit begeistern wir durch unseren Geist?
5. **Agilität** – Wo befinden wir uns gerade auf unserem Weg und wie geht es jetzt weiter?

Unternehmen wie Nudie, Tesla, Starbucks, Vice, Dedon, Spotify, Bulthaup oder Zappos sind zwar vielleicht nicht bei allen fünf Faktoren gleichermaßen perfekt aufgestellt. Aber allesamt bekennen sie sich dazu, etwas Großes zu unternehmen, und sind damit sowohl ideell wie auch materiell erfolgreich. Für sie ist die befriedigende Beantwortung der dargestellten fünf Fragen von Bedeutung, auch wenn sie sie sich vielleicht nicht explizit stellen. Das macht sie deutlich attraktiver als ausschließlich materiell orientierte Unternehmen. Es macht sie sinnstiftender und zukunftsfähiger. Vor allem macht es aber die Menschen glücklich, die mit ihnen zu tun haben. Und schon dafür lohnt es sich, dem Sinn des Unternehmens eine exzeptionelle Bedeutung zu verleihen.

»Heute gibt es Millionen Schmetterlinge, deren Flügelschläge alles verändern können.«

Ein Gespräch über Nachhaltigkeit mit Jérôme Lambert, dem Geschäftsführer von Montblanc

Herr Lambert, wie passen der Wunsch, nachhaltig zu leben und zu wirtschaften, und der enorme Drang zur Innovation in der heutigen Welt eigentlich zusammen?

Allein über diese Frage könnten wir jetzt Stunden sprechen! Tatsächlich nimmt die Schnelligkeit der Veränderung in der Welt, in der wir leben, zum Teil schon unmenschliche Züge an. Und durch den Wunsch nach Nachhaltigkeit drückt sich aus, dass es die Dimension der Menschlichkeit bei diesem Wandel unbedingt zu bewahren gilt. Nachhaltigkeit hat in dieser Interpretation für die Menschen die Funktion, eine Brücke von der Vergangenheit zum modernen Leben zu bauen.

Im Sinne einer festen Brücke in einer zunehmend verflüssigten Gegenwart?

Eher im Sinne einer sehr flexiblen Brücke. Denn wenn man Nachhaltigkeit als etwas zu Starres definiert, ist sie nur Vergangenheit, Nostalgie und »Back to the past«. Sie kann aber auch eine eigene Dynamik entfalten, wenn sie etwa mit einem passenden Konzept der Anpassung verbunden wird.

Aber ist das nicht auch ein Gegensatz: Nachhaltigkeit und Anpassung?

Selbst auf den Galapagos-Inseln haben sich die Spezies evolutionär entwickelt. Insofern ist es immer die Frage, wie man Entwicklung mit Nachhaltigkeit in Einklang bringt. Nehmen wir zum Beispiel die Sonnenenergie. Ohne die enorme Entwicklung der Erkenntnisse auf diesem Gebiet wäre der Ausbau der regenerativen Energien überhaupt nicht denkbar. Kapazitäten anzupassen, umzubauen, zu gestalten – das ist kein Gegensatz zur Nachhaltigkeit. Im Gegenteil: Kreativität und Technik müssen einen großen Teil dessen darstellen, was unsere Zukunft ausmacht.

Bedeutet Nachhaltigkeit demnach, immer wieder neu nachzu-denken, um wertvolle Dinge bewahren zu können?
Ja, so kann man es verstehen. Nachhaltigkeit heißt, immer wieder über die Konsequenzen meines Tuns zu reflektieren. Man muss eben heute schon daran denken, was die Realitäten für unsere Kinder und Kindeskinder sein werden und wie man hier entsprechend Einfluss nehmen kann. Dies mit einzubeziehen, darin sehe ich den menschlichen Faktor, den ich eben erwähnte.
Dabei wird es für jeden einzelnen Menschen immer schwerer zu erkennen, was sein Beitrag in dieser großen Maschine der Zeit ist. Und noch schwerer ist es, diesen Beitrag 50 oder 100 Jahre nach vorne in die Zukunft zu projizieren. Früher gab es noch direkt sichtbare Wirkungen der eigenen Handlungen in der Umwelt. Diese Möglichkeit ist uns heute aufgrund der Komplexität des Geschehens leider kaum noch gegeben. Die Folge ist vielfach ein wachsendes Gefühl, die Zukunft nicht mehr in den eigenen Händen zu halten. Gleichzeitig gab es noch niemals ein solches Potenzial, die Welt zu beeinflussen.

Obwohl die Machbarkeit wächst, schwindet die Planbarkeit?
Ja, die Chaostheorie lebt. Nur gibt es heute eine Millionen Schmetterlinge, deren Flügelschläge alles verändern können. Deshalb sehe ich Planbarkeit auch nicht als das relevanteste Konzept zur Lösung der gegenwärtigen Herausforderungen. Da scheint es mir deutlich Erfolg versprechender, quasi in Interaktion mit der Zeit zu treten. Denn wenn man schnell reagieren kann, ist es kein Problem, keine Planbarkeit zu haben. So gesehen heißt Planbarkeit immer nur, genügend Zeit zu haben, sich anzupassen. Wenn ihr Auto plötzlich einen Bremsweg von 10 Metern statt 100 Metern hat, werden sie sich auch darauf einstellen, in der Art, wie Sie fahren. Sie müssen dann einfach viel schneller reagieren. Ich glaube, dass durch dieses schnellere Reagieren die Welt insgesamt viel kreativer, bunter und reicher wird.

Allerdings verringern steigende Reaktivität und Multi-Optionalität doch sicher die Bereitschaft der Menschen, sich auf etwas einzulassen. Wie passt das zu einer Marke wie Montblanc, deren Produkte ein Leben lang genutzt werden sollen?

Ich denke, dass es für den einzelnen Menschen gerade entscheidend ist, sich auf bestimmte Dinge und Ideen einzulassen, um die Vielfalt der Möglichkeiten überhaupt beherrschen zu können. So ist das Schreiben mit einem exzellenten Gerät natürlich auch eine Lust, durch die sich das eigene Denken in all seinen Facetten materialisieren kann. Das reduziert ja nicht die Möglichkeiten, sondern gibt Ihnen einen Raum. Sie konstituieren durch das Objekt eine Welt, die Kontinuität und Stabilisierung, einen Rahmen und eine Struktur im Wandel ermöglicht. Das geht sogar so weit, dass das Interesse an Produkten, die länger da sind als man selbst, stetig wächst. Hier spielt die Sehnsucht nach einer Zeitlosigkeit, die man fast als Ewigkeit bezeichnen könnte, eine große Rolle, die für die Menschen in einer sich rasant verändernden Umwelt einen wichtigen Gegenpol darstellt.

Letztlich geht es also um das Bleibende. Und bei Schreibgeräten bleibt einerseits es selbst und andererseits bleibt auch das damit Geschriebene, zumindest deutlich länger als etwa eine What's-App-Nachricht.

Ja, ganz interessant in diesem Zusammenhang ist eine Beobachtung, die ich schon öfter gemacht habe. Menschen, die ein exklusives Ledercover um ihr Tablet haben, gehen damit ganz anders um, mit einem ganz anderen Respekt. Fehlt dieses, behandeln sie es völlig unterschiedlich, bis hin dazu, dass es ihnen öfter herunterfällt oder sie oft gar nicht wissen, wo es überhaupt ist. Insofern ist das lederne Tablet-Cover ein Sinnbild für die Brücke, für die Nachhaltigkeit, für den souveränen, selbstbestimmten Umgang mit Digitalität, Reaktivität und Multi-Optionalität.

Für unsere Generation mag das Bleibende von Bedeutung sein. Doch wird das auch für künftige Generationen noch gelten?

Ich sehe in dem Bleibenden schon einen besonderen Schatz. Sehen Sie, ich muss extrem viel reisen und bin häufig alle zwei Tage in einer anderen Stadt. Ich kann Ihnen sagen: Nach einer bestimmten Zeit ist der Reiz dessen doch ziemlich begrenzt. Entsprechend bin ich sicher, dass kaum jemand das Vergnügen austauschen möchte, in seinen Garten zu gehen und dort zu sehen, wie die Bäume ihre Farbe verändern, gegen die Tätigkeit, in einem Hotel-Gym in Peking auf dem Laufband zu laufen. Unsere Aufgabe bei Montblanc sehen wir entsprechend darin, diesen besonderen Schatz des Bleibenden zu pflegen, etwa das »pleasure of writing«, das Vergnügen zu schreiben.

Da sind Sie ja fast ein Widerstandskämpfer. Per Hand zu schreiben scheint doch eine deutlich nachlassende Tätigkeit zu sein.

Wir sehen uns da eher als Schatzbewahrer, die zu diesem Zweck aber auch die Mittel von heute nutzen. Wenn jemand schreibt und er hat dabei ein gutes Gefühl, sehen Sie auf seinem Gesicht ein Leuchten. Das ist für uns die größte Befriedigung, Menschen dieses Gefühl zu ermöglichen. Ich denke, jedes Unternehmen braucht dazu sein Manifest. Es muss für etwas stehen, das gehört einfach zur Persönlichkeit des Hauses. Bei uns ist das eben das Vergnügen zu schreiben.

Macht so ein Manifest die Seele des Unternehmens aus?

Ich kann mich an einen Brief erinnern, der bei einem Uhrenunternehmen, für das ich früher gearbeitet habe, eintraf. Es war ein Schreiben darüber, wie ein Objekt Menschlichkeit unterstützen kann, von einer Person, die eine schwere Zeit in einem Gefängnislager erlebt hat – in einem schwarzen Raum, in dem es für drei Monate keinen Tag und keine Nacht gab. Normalerweise ist man da sehr schnell »von Sinnen«. Der einzige Fehler, den die Verantwortlichen damals machten, war, dem Häftling seine Uhr zu lassen. Die konnte er zwar nicht sehen, aber dafür konnte er das Ticken hören. Für ihn bedeutete dieses Ticken die Konstanz der Zeit und damit sein Überleben. Mit 90 Jahren schickte uns dieser Mann voller Dankbarkeit seine Uhr, weil sie für ihn sein Leben bedeutete. Er sah sie als seinen Lebensretter an, den er nun zurückgeben wollte. Wenn man mit solchen Erfahrungen konfrontiert wird, weiß man, man hat eine Aufgabe, man hat eine echte Verantwortung.

Literaturhinweise

1. Unternehmenssinn und Unternehmenszweck – Vorsicht, leicht zu verwechseln!
Den typischen Aufbau von Unternehmensphilosophien, die »Big Five«, habe ich aus eigenen, über 20-jährigen Erfahrungen (bis dahin, dass ich häufig die Wertetafeln in Foyers von Unternehmen fotografiert habe) und aus Dutzenden von in meinen Universitätsseminaren untersuchten Unternehmen abgeleitet. Die Inhalte dieser Wertezusammenfassungen fand ich immer sehr unbefriedigend – die Texte wirkten nahezu durchgehend relativ belanglos auf mich. Eine schöne Bestätigung dieser Wahrnehmung fand ich Jahre später in dem großen Erfolg des TED-Vortragsvideos von Simon Sinek und seines dazugehörigen Buchs *Start with Why* (London 2009). Dass so viele Menschen dieses Video empfahlen, war für mich ein schönes Indiz für die Relevanz des gesamten Themas der Unternehmensphilosophien.

2. Nutzen, Lust und Sinn – Die drei Anreiztypen unseres Verhaltens.
Aufgrund der in klassischen Unternehmen zu beobachtenden geringen Durchschlagskraft von mühevoll erarbeiteten Philosophien und gleichzeitig des großen Erfolgs der Philosophien bei Unternehmen wie Starbucks, SpaceX, Zappos oder Apple habe ich mich gefragt, was den großen Unterschied der jeweiligen Philosophien ausmacht. Mir fiel relativ schnell die Jobs/Sculley-Anekdote ein, die etwa in der Biografie *Steve Jobs: Die autorisierte Biografie des Apple-Gründers* von Walter Isaacson (München 2011) beschrieben wird. Doch wie ließ sich hieraus eine grundsätzliche Erklärungslogik ableiten? Im Lehrbuch *Motivation – Grundriss der Psychologie* von Falko Rheinberg und Regina Vollmeyer (Stuttgart 2011) lassen sich viele Ansätze aus dem Bereich der akademischen Psychologie finden. Aber ich suchte nach einer grundsätzlichen Differenzierung aus der Alltagssprache über das, was uns eigentlich antreibt. Ein Schlüsseltext für mich war hier das kleine Bändchen *Egozentrizität und Mystik* des sprachanalytischen Philosophen Ernst Tugendhat (München 2006). Obwohl diese dort gar nicht explizit vorkommt, entstand für mich in diesem Zusammenhang die Idee der analytischen Dreiteilung von »Nutzen« (Zweck), »Lust« (Selbstzweck) und »Sinn« (Endzweck). In ähnlicher Form fand ich diese dann in anderen Kontexten wieder, etwa bei Martin Seligman: *Authentic Happiness: Using the New Positive Psychology to Realize Your Potential for Lasting Fulfillment* (New York 2002), bei Tony Hsieh: *Delivering Happiness: A Path to Profits, Passion, and Purpose* (New York 2010) oder bei Jim Collins mit seinem Igel-Prinzip in: *Der Weg zu den Besten: Die sieben Management-Prinzipien für dauerhaften Unternehmenserfolg* (München 2003).
Was die ökonomische, glückstheoretische und praktische Relevanz der Kategorie »Sinn« anbetrifft, habe ich mich dann aus der Vielzahl von Quellen und Hinweisen auf die folgenden beschränkt: Michael Hampe: *Die Lehren der Philosophie: Eine Kritik* (Frankfurt 2014), Jim Stengel: *Grow: How Ideals Power Growth and Profit at the World's Greatest Companies* (New York 2011), David Brooks: *Das soziale Tier: Ein neues Menschenbild zeigt, wie Beziehungen, Gefühle und Intuitionen unser Leben formen* (München 2012), Götz Werner: *Womit ich nie gerechnet habe: Die Autobiographie* (Berlin 2013), Bobby Dekeyser; Stefan Krücken:

Unverkäuflich! Schulabbrecher, Fußballprofi, Weltunternehmer – die völlig verrückte Geschichte von Bobby Dekeyser (Hollenstedt 2012), Jim Collins; Morten T. Hansen: *Oben bleiben. Immer* (Frankfurt/Main 2012) und Dave Logan; John King; Halee Fischer-Wright: *Tribal Leadership: Leveraging Natural Groups to Build a Thriving Organization* (New York 2008).

3. Wofür arbeiten wir eigentlich?

Um diese Frage zu beantworten, hielt ich es für einen aussichtsreichen Weg, die möglichen Antworten in eine geschichtliche Einordnung zu bringen, da hierdurch sehr viel klarer werden musste, wo wir heute stehen. Sowohl aufgrund dieser Methodik als auch aufgrund der inhaltlichen Relevanz schien der Start mit *Die Phänomenologie des Geistes* von Georg Wilhelm Friedrich Hegel (Frankfurt/Main 1986) nahezu zwingend. Die weitere Entwicklung wird dann entsprechend durch die drei Anreiztypen »Nutzen«, »Lust« und »Sinn« abgebildet und nachgezeichnet mit Analysen und Beschreibungen aus Rahel Jaeggi: *Entfremdung: »Zur Aktualität eines sozialphilosophischen Problems«* (*Frankfurter Beiträge zur Soziologie und Sozialphilosophie*, Frankfurt/Main 2005), aus dem auch Zitate von Max Weber & Co. entnommen sind, dazu natürlich aus Michel Foucault: *Überwachen und Strafen: Die Geburt des Gefängnisses* (Frankfurt/Main 1993), aus dem Sammelband *Kreation und Depression. Freiheit im gegenwärtigen Kapitalismus*, hrsg. von Christoph Menke, Juliane Rebentisch (Berlin 2011), etwa mit Texten von Axel Honneth, Gilles Deleuze u.a. Dann Byung-Chul Han: *Psychopolitik: Neoliberalismus und die neuen Machttechniken* (Frankfurt/Main 2014), Alain Ehrenberg: *Das erschöpfte Selbst: Depression und Gesellschaft in der Gegenwart* (Frankfurt/Main 2008). Und zuletzt Viktor Frankl: *... trotzdem Ja zum Leben sagen: Ein Psychologe erlebt das Konzentrationslager* (München 2005) und *Der Mensch vor der Frage nach dem Sinn: Eine Auswahl aus dem Gesamtwerk* (München 2011), abermals Jim Collins; Morten T. Hansen: *Oben bleiben. Immer* (Frankfurt/Main 2012), aber auch Mihályi Csíkszentmihályi: *FLOW: Das Geheimnis des Glücks* (Stuttgart 1995). Eine schöne Zusammenfassung gegenwärtiger Arbeitsmethodiken findet man etwa in Ulf Brandes, Pascal Gemmer, Holger Koschek, Lydia Schültken: *Management Y: Agile, Scrum, Design Thinking & Co.: So gelingt der Wandel zur attraktiven und zukunftsfähigen Organisation* (Frankfurt/Main 2014), aus dem auch das Zitat zu den aktuellen Arbeitsanforderungen stammt. Zum Abschluss der Beantwortung der Frage, wofür eigentlich arbeiten, dann auch noch Ashlee Vance: *Elon Musk: Wie Elon Musk die Welt verändert – Die Biografie* (München 2015).

4. Wohin entwickeln sich Unternehmen heute?

Analog zur Arbeit lassen sich auch die Selbstbilder der Unternehmen zeitlich nach den drei Anreiztypen »Nutzen«, »Lust« und »Sinn« ordnen. Das zeigt sich sehr deutlich in Gareth Morgans großartigem Buch: *Bilder der Organisation* (Stuttgart 2008). Hier ist auch das epochemachende Buch: *Auf der Suche nach Spitzenleistungen. Was man von den bestgeführten US-Unternehmen lernen kann* von Thomas Peters, Robert Waterman (Landsberg 1984) eingebunden. Ein Werk, das an mindestens drei Stellen des vorliegenden Buches Eingang findet und das gesamte vierte Kapitel begleitet, ist: *Der neue Geist des Kapitalismus* von Luc Boltanski und Ève Chiapello (Konstanz 2006). Es war für mich ebenso sehr ein

Schlüsselwerk zum Verständnis unserer Zeit wie die Habilitationsschrift *Beschleunigung. Die Veränderung der Zeitstrukturen in der Moderne* (Frankfurt/Main 2005) des für mich zentralen deutschen Soziologen der Gegenwart Hartmut Rosa. Weitere Hinweise zur Entschlüsselung der Jetztzeit geben: *The Second Machine Age* von Erik Brynjolfsson und Andrew McAfee (Kulmbach 2014), *Flüchtige Moderne* von Zygmunt Bauman (Frankfurt/Main 2003), ein Interview mit der Facebook-COO Sheryll Sandberg im Magazin der *Süddeutschen Zeitung* (45/2011), das »Agile Manifesto« (etwa zu finden bei Wikipedia), der Film *Gerhard Richter Painting* (2011), die »Freedom & Responsibilty«-Präsentation von Netflix und der »The Spotify Engineering Culture«-Film (beide im Netz frei verfügbar), sowie der Spotify betreffende Artikel in der Zeitschrift *OrganisationsEntwicklung* 1/2015. Die Idee, Unternehmen als Bewegung zu interpretieren, habe ich auch erstmals in meinem Buch *Ab jetzt Begeisterung,* (Hamburg 2009) entwickelt, das die Logik der Begeisterung unter anderem aus den Strukturen von Geistesgemeinschaften wie den Surfern, den Hippies, der Mafia, der Harvard University ableitet. Sowohl die Erkenntnisse als auch die Beispiele haben die hier vorgetragenen Gedankengänge stark geprägt.

5. Wie gestaltet man den Sinn eines Unternehmens?
Die sieben Bewegungshebel gehen in der Hauptsache zurück auf viele Jahre eigener praktischer Erfahrungen. Die Starbucks-Story hingegen basiert in der Hauptsache auf dem Buch: *Onward: Wie Starbucks erfolgreich ums Überleben kämpfte, ohne seine Seele zu verlieren* von Howard Schultz (Weinheim 2011).

Teil II: Etwas Großes unternehmen – Die Zukunft der Unternehmensphilosophie
Die Quellen für die dargestellten Theorien, Geschichten und Zitate zu den fünf GLOW-Faktoren sind neben den Eigendarstellungen der jeweiligen Unternehmen:

- *The Element: How Finding Your Passion Changes Everything* von Ken Robinson (New York 2009)
- *Niklas Luhmann zur Einführung,* von Walter Reese-Schäfer (Hamburg 2001)
- *Feel The Fear – But Do It Anyway* von Susan Jeffers (New York 1987)
- Google-Website
- *Der Circle* von Dave Eggers (Köln 2014)
- *Das kulturelle Gedächtnis: Schrift, Erinnerung und politische Identität in frühen Hochkulturen* von Jan Assmann (München 2005)
- *Stoked. Die Geschichte des Surfens* von Drew Kampion, Bruce Brown (Köln 1998)
- *Lean Startup: Schnell, risikolos und erfolgreich Unternehmen gründen* von Eric Ries (München 2014)
- *Das Imperium der Steine: Wie LEGO den Kampf ums Kinderzimmer gewann* von David Robertson, Bill Breen (Frankfurt/Main 2014)

Alle hier abgedruckten Interviews erschienen, zum Teil in verkürzter Form, in der Zeitschrift *Hohe Luft*.

Dank

An die Unternehmensphilosophie-Kunden

Otto Group für den »Die Kraft der Verantwortung«-Spirit (Jürgen Bock, Hans-Otto Schrader, Marc Berg, Sabine Josch, Thomas Voigt, Ulrike Andraschak)

Orsay für »Trust your Feelings« und FLAIR als Markenkern (Matthias Klein, Philippe Faber, Sandra Scherrer)

HSH Nordbank für den »Stark für Unternehmer«-Spirit und die Wertetriade »beziehungsstark, leistungsstark, entscheidungsstark« (Peter Mentner, Martina Tölle)

Tupperware für »Eine Million Möglichkeiten« und die »Mach Party!«-Kampagne (Georges Jaggy, Michael Raffel, Christian Dorner, Maik Scheifele, Jeanette Wambach, Nicole Burggraf)

Gräfe und Unzer für den »Überraschungsmanufaktur«-Spirit und die »Strategie 100« (Dorothee Seeliger, Till Wahnbaeck, Christian Kopp)

Evangelische Stiftung Alsterdorf für den »Menschen sind unser Leben«-Spirit und die dazugehörige Zukunftsagenda (Güde Lassen, Hanns-Stephan Haas)

Sylter Salatfrische für die Mission mit Zum Dorfkrug Convinience Food neu zu erfinden (Thomas Hauschildt, Aenne Heins)

Cultizm für die »Raw Denim«-Philosophie (Dejan Milenkovic, Dirk Heiken)

Hoffmann und Campe Corporate Publishing für die »Premium Content Partners«-Positionierung und das »Akzente setzen«-Programm (Christian Schlottau, Christian Breid)

LVM für die Vertrauensphilosophie und -kultur (Marcel Peschl, Marko Feldbaum, Jochen Herwig, Nicola Flüggemann, Eva Beulker)

United Internet Media für die »Mission Mail«-Strategie (Rasmus Giese, Eva Heil)

Sowie:
EnBW (Holger Busch), *Orange* (mit Peter Littmann), *Hermes* (Regina Müller), *Techniker Krankenkasse* (Sven Hildebrandt), *Meckatzer Löwenbräu* (Michael Weiss), *Feuer und Flamme* (Raoul Hess, Stefan Preussler), *Siemens BK* (Gertrud Demmler, Ulrich Winkler), *Ornamin* (Holger von der Emde), *Continental Motorradreifen* (Uwe Reichelt), *Imtech* (Felix Colsman, Wolf-Bertram von Bismarck, Harald Prokosch), Comdirect (Annette Siragusano, Anne Grobe, Arno Walter, Olga Willems)

An die Unternehmensphilosophie-Partner

Henrik Schürmann

Cathrin Peschmann und Edgar Linscheid, Andi Meier

Friederike Hanke

Stefan Baumann von *Sturm und Drang*

Jan Ritter von *Orca Campaign*

Frank-Michael Schmidt von *Scholz & Friends*

Stefan Kolle und Stefan Schwarz von *Kolle Rebbe*

Tanja Valérien-Glowacz von der *Valérien Werbeagentur*

Thomas Vasek und Katarzyna Mol-Wolf von *Hohe Luft*

Mike Jäger von *Wolff trifft Jäger*

Oliver Gorus und Lavinia Lazar von der Agentur *Gorus*

Franz Liebl und Christian Blümelhuber von der *Universität der Künste Berlin*

An alle Unternehmensphilosophie-Studenten der Zeppelin-Uni und der UdK Berlin

Insbesondere an Eva Zepp, Henning Mayer, Lukas Helbich, Tamara Tüchelmann (die alle auch großartige Praktikanten waren), Jakob Gillmann, Jonas Nussbaumer, Manuel Binninger

An meinen Verleger

Sven Murmann

Am allermeisten

Meiner Tochter Gwendolin für ihren unerschütterlichen Optimismus und meiner Frau Kristin dafür, dass sie so ist, wie sie ist, und für die vielen inspirierenden Gespräche

Meine Unternehmensphilosophie

GLOW, ein Leuchten in den Augen ist der beste Ausdruck für echte Begeisterung.

Man findet es bei Menschen, die ganz in ihrem Element sind, die ihrer Berufung folgen, die erfüllt werden von dem, was sie tun.

Menschen mit einem Leuchten in den Augen vollbringen Außergewöhnliches. Sie inspirieren. Sie gehen voran. Und sind meist kaum zu bremsen.

Hat ein Unternehmen viele Mitarbeiter mit einem Leuchten in den Augen, ist es innovativer, lernfähiger, deutlich leistungsstärker.

Hat eine Marke viele Nutzer mit einem Leuchten in den Augen, wird sie gepflegt, wird sie geliebt, wird sie immer weiter empfohlen.

Schafft ein Unternehmen die Bedingungen für das Leuchten in den Augen seiner Mitarbeiter, Lieferanten und Kunden, werden diese seine Flagge immer hochhalten und mit großem Enthusiasmus für seinen Erfolg sorgen.

Mehr auf **www.veken.de**
Kontakt: dominic@veken.de